Boken är inte avsedd som någon komplett lärobok, utan är mer tänkt som en repetitionsbok i ämnet matematik, med inriktning på teknik.

Boken innehåller både fakta och övningar

Lennart Hallerbo

GRUNDER i MATEMATIK
© **Lennart Hallerbo 2013**   1:a uppl.
Förlag och tryck: BoD – Books on Demand GmbH
ISBN: 978-91-7463-233-0
Reservation för ev. skrivfel

INNEHÅLL

Matematiska tecken:	2
SI-enheter:	4
De fyra räknesätten:	8
Bråk:	9
Parenteser:	11
Procent:	14
Potenser:	20
Tiopotenser:	21
Logaritmer:	27
Kvadratrötter:	30
Ekvationer:	32
Formler:	47
Geometri:	49
Pytagoras sats:	55
Trigonometri:	60
Talsystem:	72
Facit:	78

Matematiska tecken:

Vanliga beteckninar:

+	Plus; Additionstecken	∨	Eller-tecken
−	Minus; Subtraktionstecken	Σ	Summatecken
		%	Procent
• } * }	Gånger; Multiplikationstecken	‰	Promille
		∠	Vinkel
÷ : / ─ }	Genom; Divisionstecken	⊥	Vinkelrät mot
		‖	Parallell med
		°	Grad (t.ex. 45°)
		′	Minut
=	Lika med	″	Sekund
≠	Icke lika med	∞	Oändligt
≈	Ungefär lika med	√	Rottecken
≅	Ungefär lika med eller lika med	log	Logaritmen med basen **10**
<	Mindre än	ln	Logaritmen med basen **e**
≤	Mindre än eller lika med	π	Pi = 3,14159......, dvs förhållandet mellan en cirkels omkrets och dess diameter.
>	Större än		
≥	Större än eller lika med	e	Basen i det naturliga logaritmsystemet = 2,71828......
∧	Och-tecken		

Avrundning:

En regel för att modifiera ett decimaltal och för att kompensera bortfall av siffrorna efter en viss plats.

Regeln framgår av exempelen till höger.

1,716 till 2 decimaler ger **1,72**
1,713 till 2 decimaler ger **1,71**
1,155 till 2 decimaler ger **1,16**
1,145 till 2 decimaler ger **1,14**

I de fall de strukna siffrorna utgörs av en femma åtföljd av enbart nollor, avrundas så att den sista kvarvarande siffran är jämn.

Grekiska alfabetet:

Det grekiska alfa betet används ofta som symboler och beteckningar inom matematiken.

Stor bokst.	Liten bokst.	Namn	Stor bokst.	Liten bokst.	Namn
A	α	alfa	N	ν	ny
B	β	beta	Ξ	ξ	ksi
Γ	γ	gamma	O	o	omikron
Δ	δ	delta	Π	π	pi
E	ε	epsilon	P	ρ	ro
Z	ζ	zeta	Σ	σ	sigma
H	η	äta	T	τ	tau
Θ	θ	teta	Y	υ	ypsilon
I	ι	jota	Φ	φ	fi
K	κ	kappa	X	χ	chi
Λ	λ	lambda	Ψ	ψ	psi
M	μ	my	Ω	ω	omega

SI-enheter

Det internationella måttsystemet **SI** (**SI** = Système International d'Unités) bygger på sju grundenheter som är noggrant definierade.

SI-systemet har utvecklats ur metersystemet och fick sitt nuvarande namn 1960. Det bestod då av sex grundenheter, den sjunde (substansmängd) tillkom 1970.

Grundenheter:

Storhet Namn	Beteckn.	Enhet Namn	Beteckn.
Längd	l	meter	m
Massa	m	kilogram	kg
Tid	t	sekund	s
Ström	I	ampere	A
Temperatur	T	kelvin	K
Ljusstyrka	I	candela	cd
Substansmängd	mol	mol	mol

Ur dessa grundenheter kan sedan en stor mängd andra enheter härledas.

På de efterföljande sidorna presenteras ett urval av härledda enheter som förkommer i SI-systemet.
Även några enheter som inte ingår men som fortfarande används har tagits med.

Härledda enheter:

Storhet		Enhet	
Namn	Beteckn.	Namn	Beteckn.
area	A	kvadratmeter	m^2
volym	V	kubikmeter	m^3
hastighet	v	meter per sekund	m/s
densitet	ρ	kilogram per kubikmeter	kg/m^3
kraft	F	newton	N
tryck	p	newton per kvadratmeter	N/m^2
energi (arbete)	W	joule	J
effekt	P	watt	W
frekvens	f	hertz	Hz
spänning	U	volt	V
kapacitans	C	farad	F
resistans	R	ohm	Ω
induktans	L	henry	H
impedans	Z	ohm	Ω
konduktans	G	siemens	S
ljusflöde	Φ	lumen	lm

Icke SI-anslutna enheter:

Storhet	Enhet		
	Benämning	Beteckn.	Definition
effekt	hästkraft	hk	1 hk = 735,499 W
längd	ljusår	lå	1 lå = 9,460 ∗ 10^{15} m
tid	dygn (medelsoldygn)	d	1 d ≈ 86 400 s

SI-anslutna multipelenheter:

Storhet	Enhet		Definition
	Benämning	Beteckn.	
volym	liter	l	1 l = 1 dm^3
tid	minut	min	1 min = 60 s
	timme	h	1 h = 3600 s
hastighet	Kilometer per timme	km/h	1 km/h = 1/3,6 m/s
kraft	kilopond	kp	1 kp = 9,80665 N
tryck	pascal	Pa	1 Pa = 1 N/m^2
	bar	bar	1 bar = 10^5 N/m^2
energi	wattsekund	Ws	1 Ws = 1 J
	kilowattimme	kWh	1 kWh = 3,6 * 10^6 J

Prefix: (= Förstavelse)

I stället för att skriva onödigt långa tal eller en massa nollor, används ett prefix före enheten.

Ex: 0,001 A = 1 mA
     1000 Ω = 1 kΩ

Tal	Prefix		Tiopotens
	Benämn.	Beteckn.	
1 000 000 000 000	tera	T	10^{12}
1 000 000 000	giga	G	10^9
1 000 000	mega	M	10^6
1 000	kilo	k	10^3
100	hekto	h	10^2
10	deka	da	10^1
0,1	deci	d	10^{-1}
0,01	centi	c	10^{-2}
0,001	milli	m	10^{-3}
0,000 001	mikro	μ	10^{-6}
0,000 000 001	nano	n	10^{-9}
0,000 000 000 001	piko	p	10^{-12}

Enheter för längd, area och volym:

Längd	Area	Volym	

1 m = 10 dm
1 dm = 10 cm
1 cm = 10 mm
= 10 cm = 0,1 cm
= 10 mm = 0,1 dm
= 10 cm = 0,1 m
	$1\,m^2$ = 100 dm^2
	$1\,dm^2$ = 100 cm^2
	$1\,cm^2$ = 100 mm^2
	$1\,mm^2$ = 0,01 cm^2
	$1\,cm^2$ = 0,01 dm^2
	$1\,dm^2$ = 0,01 m^2
		$1\,m^3$ = 1000 dm^3 = 1000 l
		$1\,dm^3$ = 1000 cm^3 = 1 l
		                               1 dl
		                               1 cl
		$1\,cm^3$ = 1000 mm^3 = 1 ml
		$1\,mm^3$ = 0,001 cm^3
		$1\,cm^3$ = 0,001 dm^3
		$1\,dm^3$ = 0,001 m^3
			= 10 dl
			= 10 cl
			= 10 ml

Övningar

Lös uppgifter med hjälp av tabellerna ovan och föregående sida.

Svara i dm
1. 5 m =
2. 40 cm =
3. 4 mm =
4. 4 km =
5. 1 µm =

Svara i m
6. 30 cm =
7. 6 dm =
8. 15 km =
9. 10 mm =

Svara i mm
10. 0,5 m =
11. 1 µm =

Svara i m^2
13. 2 dm^2 =
14. 5 cm^2 =
15. 8 mm^2 =

Svara i mm^2
16. 3 cm^2 =
17. 16 dm^2 =
18. 4 m^2 =
19. 5,6 cm^2 =

Svara i m^3
20. 12 dm^3 =
21. 4 cm^3 =
22. 3,5 dm^3 =
23. 100 cm^3 =

12. 15 cm =
24. 5 mm^3 =
25. 100 l =

Svara i dm^3
26. 10 m^3 =
27. 100 cm^3 =
28. 1,5 mm^3 =
29. 1 l =
30. 16 cl =

Svara i cm^3
31. 35 dm^3 =
32. 1,2 m^3 =
33. 4 l =
34. 15 ml =
35. 9 mm^3 =
36. 8 cl =

De fyra Räknesätten

ADDITION:

$7 + 5 = 12$ term + term = summa

SUBTRAKTION:

$7 - 5 = 2$ term − term = differens

MULTIPLIKATION:

$7 * 5 = 35$ faktor * faktor = produkt

DIVISION:

$7 : 5 = 1,4$ täljare : nämnare = kvot

Multiplikation och division går före addition och subtraktion.

EX: $4 + 5 * 3 =$

Lösning:

Först utförs multiplikationen $5 * 3 = 15$, sedan adderas produkten med 4 och vi får då summan 19.

Övningar

37. $4 + 3 =$
38. $13 + 7 =$
39. $151 + 9 - 10 =$
40. $25 * 4 =$
41. $15 * 2 =$
42. $7 : 2 * 4 =$
43. $8 + 4 - 2 =$
44. $10 * 4 - 10 =$
45. $10 : 2 + 5 =$
46. $15 - 5 + 8 =$
47. $20 + 5 * 2 =$
48. $25 - 10 : 2 =$
49. $8 + 4 - 8 + 10 =$
50. $25 - 5 + 15 - 5 =$
51. $20 : 2 + 10 - 5 =$

Bråk

Tal skrivna på formen $\dfrac{a}{b}$ kallas **BRÅK**.

a = <u>Täljare</u> och b = <u>Nämnare</u>.

Strecket kallas <u>Bråkstreck</u>.

Ex: $\dfrac{1}{4}$ eller $\dfrac{1}{3}$

Även snett bråkstreck kan användas.

Ex: 5/6 eller 3/5

Förkortning:

Ex: Täljare och nämnare divideras med samma tal. (ex. 15) $\quad \dfrac{30}{45} = \dfrac{30/15}{45/15} = \dfrac{2}{3}$

Förlängning:

Ex: Täljare och nämnare multipliceras med samma tal. (ex. 3) $\quad \dfrac{2}{3} = \dfrac{2 \cdot 3}{3 \cdot 3} = \dfrac{6}{9}$

Addition och subtraktion:

För att direkt kunna addera eller subtrahera två bråktal måste båda talens nämnare vara lika.

Ex1: $\quad \dfrac{1}{4} + \dfrac{1}{4} = \dfrac{1+1}{4} = \dfrac{2}{4} = \dfrac{1}{2}$

Ex2: $\quad \dfrac{2}{4} - \dfrac{1}{4} = \dfrac{2-1}{4} = \dfrac{1}{4}$

Om båda talens nämnare inte är lika, måste man först finna ut en gemensam nämnare för båda talen.

$$\frac{2}{3} + \frac{1}{4} \qquad \frac{2 \cdot 4}{3 \cdot 4} + \frac{1 \cdot 3}{4 \cdot 3} = \frac{8+3}{12} = \frac{11}{12}$$

Enklaste sättet att finna en gemensam nämnare är att multiplicera korsvis med resp nämnare.

Multiplikation:

Multiplikation av bråk utförs enl.

$$\frac{2}{3} \cdot \frac{2}{4} = \frac{2 \cdot 2}{3 \cdot 4} = \frac{4}{12}$$

Division:

Att dividera med 2/4 är detsamma som att multiplicera med 4/2 enl.

$$\frac{\frac{2}{3}}{\frac{2}{4}} = \frac{2}{3} \cdot \frac{4}{2} = \frac{8}{6} = 1\frac{2}{6}$$

Övningar

52. $\frac{1}{4} + \frac{2}{4} =$

53. $\frac{3}{4} - \frac{1}{4} =$

54. $\frac{1}{3} + \frac{1}{2} =$

55. $\frac{2}{5} * \frac{2}{3} =$

56. $2/5 - 1/10$

57. $\frac{2}{5} - \frac{1}{5} =$

58. $1/3 * 2/3 =$

59. $2/6 - 2/8 =$

60. $\frac{\frac{1}{4}}{\frac{1}{3}} =$

61. $5/6 + 1/3 =$

62. $\frac{1}{5} + \frac{1}{3} + \frac{1}{4} =$

Parenteser

Innehållet i en parentes beräknas först.

Föregås parentesen av ett "+" plustecken kan parentesen direkt tas bort.

Ex: 100 + (50 + 20 + 10) = 100 + 50 + 20 + 10 = 180

Föregås parentesen av ett "−" minustecken byter samtliga termer tecken när parentesen tas bort.

Ex: 100 − (50 + 20 + 10) = 100 − 50 − 20 − 10 = 20

Vid multiplikation kan man antingen beräkna parentesen först, eller multiplicera in talet framför parentesen först.

Ex: $3(4 + 3) = 3*4 + 3*3 = 21$ eller $3*7 = 21$

$-3(4 + 3) = -3*4 + -3*3 = -21$ eller $-3*7 = -21$

Ex: 10 + 2(4 + 2) =

Lösning:

Alt1:
Först adderar vi innehållet i parentesen 4 + 2
Sedan multiplicerar vi summan 6 med 2
och slutligen adderar vi med 10.
Slutresultatet blir då 22.

Alt2:
Vi multiplicerar först innehållet i parentesen med 2
$2*4 + 2*2$.
Sedan adderar vi innehållet i parentesen 8 + 4
och slutligen adderar med 10, slutresultatet
blir detsamma som i alternativ 1 dvs. 22.

Parenteser i praktiken:

Nästan dagligen använder de flesta parentesräkning utan att tänka på det.

Om någon går till butiken och handlar tre varor för 10, 5 och 25 Kr.
Denne har med sig 50 Kr och undrar om pengarna räcker.

Det vanligaste är då att addera varorna **(10 + 5 + 25)** och sedan subtrahera summan från medhavda pengar **50 – (10 + 5 + 25)**

Alternativet är att subtrahera varorna **50 – 10 – 5 – 25** från medhavd femtilapp.

50 – (10 + 5 +25) blir alltså detsamma som **50 – 10 – 5 - 25**

Övningar

63. $3 + (5 + 2) =$

64. $4 + 2(5 + 2) =$

65. $3 - (5 + 2) =$

66. $4 - 2(5 + 2) =$

67. $5 + 3(3 - 2) - (5 + 2) =$

68. $2(3 - 2) - 3(3 - 2) =$

69. $10(2 + 8) - 25 =$

70. $100 - (30 + 20 + 40) =$

71. $100 - 10(3 + 2 + 4) =$

72. $2 - (10 - 5) + 8 =$

73. $15 + (-3 - 2 + 10) =$

74. $15 - (-3 - 2 + 10) =$

75. $25 - (2 + 3) - (7 + 3) =$

76. $7 + (-2 - 4) =$

77. $15 - 2(-2 + 4) =$

78. $100 + (4 - 2) - (50 - 8) =$

79. $8(10 - 5 + 2) =$

80. $2[(10 - 2) + (10 - 2)] =$

81. $10[10 - (5 + 3)] =$

82. $10[10 + (5 - 3)] =$

83. $50 - 2(5 - 3) - (10 + 25) =$

84. $100 - (55 - 10) + 25 =$

85. $25 + (30 + 5) - (30 + 5) =$

86. $2[25 + (30 + 5) - (30 + 5)] =$

87. $2[100 - (55 - 10) + 25] =$

88. $200 - 2(25 + 5) - (25 + 5) =$

Procent

Procent betyder hundradel och skrivs med tecknet %

$$1\ \% = 0{,}01 \text{ eller } \frac{1}{100}$$

Ex:

5 % av 100 kr = 0,05 · 100 = 5 kr

15 % av 250 kr = 0,15 · 250 = 37,5 kr

75 % av 50 cm = 0,75 · 50 = 37,5 cm

Hur många procent är 25 kr av 50 kr ?
Svar:
25/50 = 0,5 = 50 %

En vara kostar 125 kr och man får 10 % rabatt. Hur mycket får man betala ?
Svar:
125 − 0,1 · 125 = 125 − 12,5 = 112,5
eller
125 (1 − 0,1) = 125 · 0,9 = 112,5

Övningar

89. 10 % av 80 kr ?
90. 25 % av 200 dm ?
91. 75 % av 300 kg ?
92. 4 % av 80 m ?
93. 16 % av 100 g ?

94. 3,5 % av 20 kg ?
95. 8 % av 142 kr ?
96. 3 % av 18 m^3 ?
97. 3 % av 94 kr ?
98. 2 % av 19,4 kg ?

99. 3 % av 15 kr ?

100. 2 % av 288 hl ?

101. 6,8 % av 34 mm ?

102. 17½ % av 70 kr ?

103. 15 ¾ % av 164,4 kr ?

104. 15 kg av 250 kg ?

105. 200 m av 500 m ?

106. 8 kr av 34 kr ?

107. 195 kr av 780 kr ?

108. 120 kr av 400 kr ?

109. 2,8 dm av 7 dm ?

110. 19,5 g av 130 g ?

111. 54,4 l av 640 l ?

112. 30 m av 120 m ?

113. En arbetares månadslön är 37 000 kr. Av dessa sparar han 1550 kr. Hur många procent av månadslönen sparar han ?

114. Ett företag skall kapa till 3475 rör. När man har kapat 2641, är materialet slut. Hur många procent återstår ?

115. Av 960 cyklar, som skulle tillverkas, blev 60 kasserade i avsyningen. Hur stor var procent blev kass?

116. Av skolans 25 elever var 3 st vänsterhänta. Hur många procent utgjorde de av hela elevantalet?

117. Ett parti på 40 axlar skulle svarvas. När 16 var färdigsvarvade avbröts arbetet. Hur många procent blev färdiga?

118. Av ett företags 3500 anställda hade 1680 över sju tjänsteår, 420 hade mer än femton tjänsteår.
Hur stor procent utgjorde de övriga?

119. En arbetare har 12 km till arbetsplatsen. När han har åkt 76 % av sträckan, får han punktering.
Hur långt har han kvar till arbetsplatsen?

120. Av en stång lagermetall, som väger 8,5 kg, skall svarvas ett antal bussningar, som tillsammans väger 6,8 kg. Hur stor blir materialförlusten i procent?

121. På en provräkning har en elev räknat 9 tal rätt av 15 möjliga. Hur många procent har han räknat rätt?

122. En mekanisk verkstad säljer en begagnad maskin för 1624:-kr och förtjänar därvid 174:-kr. Hur många procent utgör vinsten?

123. Två montörer A och B, monterade ett antal detaljer. A monterade dem på 8 och B på 6 timmar. Hur många procent kortare tid använde B?

124. Hur lång tid hade det tagit för B, om han monterat dem på 50 % kortare tid än A?

125. Ett företag inköpte en maskin, som med emballage vägde 2000 kg. Emballagets vikt utgjorde 3 % av den sammanlagda vikten. Hur många kg vägde maskinen?

126. Nisse skulle köpa en begagnad bil för 60.000 Kr. Han lyckades pruta 10%. Vad fick Nisse betala för bilen?

127. Ny kylvätska skall blandas. Tanken rymmer 65 l. Blandningen skall innehålla 28 % glykol. Hur mycket vatten skall hällas i tanken?

128. En timlön höjdes med 14 %. Före höjningen var lönen 78,60 kr. Hur stor blev den efter höjningen?

129. En sons veckopeng, 450 kr höjdes till 550 kr. Hur stor var ökningen uttryckt i procent?

130. Av skolans 7 st maskiner är 3 st svarvar och 2 st borrmaskiner.
a) Hur många procent är svarvar?
b) Hur många procent är borrmaskiner?

131. Hur stort är kapitalet, när 90 % av detta utgör 7 875 kr ?

132. En elev skulle tillverka 28 st detaljer. Ena dagen tillverkades 21 detaljer. Hur många procent av partiet återstår ?

133. I en borrjigg skall 80 hål borras och brotschas, 30 endast borras och 15 borras och försänkas.
a) Hur många procent av hålen skall endast borras ?
b) Hur många procent av hålen skall både borras och försänkas ?

134. Hur mycket är 90 % av 1510 kr ?

135. Av en plåt, som vägde 15 kg, tillverkades rör, som vägde 12,7 kg. Resten av plåten utgjorde avfall. Hur stor var spillprocenten ?

136. För att få en 8-procentig sodalösning i en härdningsvätska, behövdes 4,8 kg soda. Hur mycket vägde den färdigblandade härdningsvätskan ?

137. Två personer A och B skall dela en summa, så att A får 1400 kr och B får 65 % av summan.
a) Hur stor var summan ?
b) Hur mycket fick B ?

138. Av ett parti axlar blev 48 st ej godkända vid avsyningen = 5 % av partiet. Hur många axlar innehöll partiet ?

139. Till ett bygge tillverkades rännor och stuprör, vikten på dem blev 127,5 kg. Vid tillverkningen bortgick 8,5 % i plåtavfall. Hur många kg plåt gick åt ?

140. Hur mycket är 75 % av 2500 Kr ?

141. Vid avslutningen i en skola utdelades 4 stipendier. A fick 40 % av summan, B 25 %, C 20 % och D 66:- kr.
a) Hur stor var hela summan ?
b) Hur mycket fick A ?
c) Hur mycket fick B ?

142. En TV kostar på rea 3200 Kr. Priset är nedsatt med 20 %. Vad kostade TV apparaten före rean ?

143. En resistor är märkt 1,2 kΩ och toleransen ± 2%
a) Vad får resistorns högsta värde vara ?
b) Vad får resistorns lägsta värde vara ?

144. Ett tygstycke är 1,2 x 4,0 m. Vid första tvätten krymper det 2 % på längden.
Hur stort är tyget efter tvätt ?

145. Göte har hittat en begagnad bil för 85 000:-. Han lyckades pruta 5 % på priset.
Vad fick Göte betala för bilen ?

Potenser

Positiva potenser:

Uttrycket 2^5 kallas *(positiv) potens* med *basen* 2 och *exponenten* 5.

$2^5 = 2 * 2 * 2 * 2 * 2 = 32$

Negativa potenser:

Uttrycket 2^{-5} kallas *(negativ) potens* med *basen* 2 och *exponenten* -5.

$$2^{-5} = \frac{1}{2^5} = \frac{1}{2*2*2*2*2} = \frac{1}{32} = 0{,}03125$$

Ex:

$4^2 = 4 * 4 = 16$

$4^3 = 4 * 4 * 4 = 64$

$4^{-2} = \dfrac{1}{4*4} = \dfrac{1}{16} = 0{,}0625$

$4^{-3} = \dfrac{1}{4*4*4} = \dfrac{1}{64} = 0{,}015625$

Övningar

146. $2^2 =$

147. $4^2 =$

148. $5^2 =$

149. $6^2 =$

150. $2^3 =$

151. $2^4 =$

152. $2^5 =$

153. $3^3 =$

154. $3^4 =$

155. $4^3 =$

156. $4^4 =$

157. $4^5 =$

158. $5^3 =$

159. $5^4 =$

160. $5^5 =$

161. $6^3 =$

162. $7^2 =$

163. $8^2 =$

164. $9^2 =$

165. $5^{-4} =$

166. $5^{-2} =$

167. $25^2 =$

168. $26^2 =$

169. $2^{-2} =$

170. $2^{-3} =$

171. $25^3 =$

172. $15^2 =$

173. $15^4 =$

174. $25^5 =$

175. $5^{11} =$

176. $2^8 =$

177. $125^3 =$

178. $250^2 =$

179. $150^2 =$

180. $25^4 =$

181. $15^5 =$

182. $38^2 =$

183. $2^{10} =$

184. $3^5 =$

185. $3^{10} =$

186. $33^4 =$

Tiopotenser

Positiva tiopotenser:

Uttrycket 10^3 kallas *(positiv) tiopotens* med *basen* 10 och *exponenten* 3.

$$10^3 = 10 * 10 * 10 = 1\ 000$$

Ex:
$10^2 = 10 * 10 = 100$

$10^3 = 10 * 10 * 10 = 1000$

Exponenten är lika med antalet nollor i det utskriv-na talet.

$10^4 = 10 * 10 * 10 * 10 = 10\ 000$

$50\ 000 = 5 * 10\ 000 = 5 * 10^4$

$5\ 000 = 5 * 1\ 000 = 5 * 10^3$

Man bryter ut heltalssiffran 5 och skriver om 10 000, 1 000 och 100 till en tiopotens.

$500 = 5 * 100 = 5 * 10^2$

Övningar

187. $10^2 =$

188. $10^3 =$

189. $10^4 =$

190. $10^1 =$

191. $10^0 =$

192. $10^6 =$

193. $10^7 =$

194. $10^8 =$

Negativa tiopotenser:

Uttrycket 10^{-3} kallas *(negativ) tiopotens* med *basen* 10 och *exponenten* -3.

$$10^{-3} = 0,1 * 0,1 * 0,1 = 0,001 = \frac{1}{10^3} = \frac{1}{1\,000}$$

Ex:

$10^{-2} = 0,1 * 0,1 = 0,01$ Exponenten är lika med positionen på det utskrivna talet.

$10^{-4} = 0,1 * 0,1 * 0,1 * 0,1 * 0,1 = 0,000\,1$

$0,05 = 5 * 0,01 = 5 * 10^{-2}$

$0,005 = 5 * 0,001 = 5 * 10^{-3}$ Man bryter ut heltalssiffran 5 och skriver 0,01 och 0,001 som en tiopotens.

Övningar

195. $10^{-2} =$

196. $10^{-6} =$

197. $10^{-1} =$

198. $10^{-4} =$

199. $10^{-3} =$

200. $10^{-7} =$

201. $10^{-5} =$

202. $10^{-0} =$

Addition och subtraktion av tiopotenser:

I båda fallen måste exponenten ha samma värde

Ex: $10^2 + 10^2 = 2 * 10^2$ $10^2 - 10^2 = 0$

$10^3 + 10^2 = ?$

Detta tal går inte direkt att addera då båda talen inte har samma exponent.
Vi får då omvandla något av talen så att exponenterna blir lika.

$10^3 = 10 * 10^2$
Nu kan vi addera $10 * 10^2$ med 10^2 och får då $11 * 10^2$

Om vi istället väljer att göra om talet 10^2 får vi $0,1 * 10^3$. Adderar vi detta med 10^3 får vi $1,1 * 10^3$.
Vilket är detsamma som $11 * 10^2$.

Alltså:

$10^3 + 10^2 = 10 * 10^2 + 10^2 = 11 * 10^2$
eller
$10^3 + 10^2 = 10^3 + 0,1 * 10^3 = 0,1 * 10^3$

Vid subtraktion blir värdena:

$10^3 - 10^2 = 10 * 10^2 - 10^2 = 0,9 * 10^2$
$10^3 - 10^2 = 10^3 - 0,1 * 10^3 = 9 * 10^3$

Övningar

203. $10^2 + 10^2 =$

204. $10^3 + 10^2 =$

205. $10^3 + 10^3 =$

206. $10^2 + 10^3 =$

207. $10^{-2} + 10^{-2} =$

208. $2 * 10^2 + 5 * 10^2 =$

209. $1,5 * 10^2 + 3 * 10^2 =$

210. $4 * 10^3 + 2 * 10^3 + 10^3 =$

211. $10^2 + 5 * 10^4 =$

212. $10^2 + 10^3 + 10^4 =$

213. $5 * 10^3 - 2 * 10^3 =$

214. $2 * 10^{12} - 10^{12} =$

215. $2 * 10^{12} + 10^{12} =$

216. $12 * 10^2 + 1{,}2 * 10^3 =$

217. $1{,}2 * 10^3 - 2 * 10^2 =$

218. $1{,}25 * 10^4 + 7{,}5 * 10^3 =$

219. $1{,}25 * 10^4 - 7{,}5 * 10^3 =$

220. $2{,}05 * 10^4 - 5 * 10^2 =$

221. $2 * 10^3 + 5 * 10^2 =$

222. $10^5 - 10^3 =$

223. $10^5 + 10^3 =$

224. $4 * 10^2 + 2 * 10^2 - 5 * 10^2 =$

225. $10^{12} - 10^{10} =$

226. $4 * 10^{12} + 6 * 10^{11} =$

227. $10^3 + 10^3 - 10^2 =$

228. $10^2 - 10^2 + 2 * 10^2 =$

229. $8 * 10^2 + 2 * 10^2 - 100 =$

Multiplikation och division av tiopotenser:

I dessa fall adderas eller subtraheras exponenterna

Ex: $10^2 * 10^2 = 10^4$ (10^{2+2}) $10^2 : 10^2 = 1$ (10^{2-2})

Detta är detsamma som $100 * 100 = 10\,000$
eller $100 : 100 = 1$

Följaktligen blir

$10^3 * 10^2 = 10^5$ (10^{3+2}) $10^3 : 10^2 = 10^1$ (10^{3-2})

$10^2 * 10^{-2} = 1$ $(10^{2+(-2)})$ $10^2 : 10^{-2} = 10^4$ $(10^{2-(-2)})$

Detta är detsamma som $100 * 0{,}01 = 1$
eller $100 : 0{,}01 = 10\,000$

Alltså:

eller
$10^3 * 10^2 = 10^5$ $10^3 * 10^{-2} = 10^1$

$10^3 : 10^2 = 10^1$ $10^3 : 10^{-2} = 10^5$

Övningar

230. $10^2 * 10^2 =$

231. $10^2 * 10^4 =$

232. $10^4 * 10^1 =$

233. $\dfrac{10^4}{10^2} =$

234. $10^4 * 10^9 =$

235. $\dfrac{10^6}{10^{-2}} =$

236. $10^3 * 10^2 * 10^2 =$

237. $10^4 : 10^3 * 10^2 =$

238. $\dfrac{10^6}{10^{-2}} * 10^2 =$

239. $\dfrac{10^4}{10^{-4}} =$

240. $10^2 * 10^{-4} * 10^3 =$

241. $10^{-6} * 10^{-2} =$

242. $10^{-2} * 10^{-2} * 10^2 =$

243. $\dfrac{10^{-6}}{10^{-2}} * 10^{-2} =$

244. $10^4 * 10^{-6} * 10^6 =$

245. $2 * 10^2 * 3 * 10^2 =$

246. $\dfrac{4 * 10^4}{2 * 10^2} =$

247. $4 * 10^3 * 5 * 10^{-3} =$

248. $\dfrac{2 * 10^2}{4 * 10^{-2}} =$

249. $10^{-2} * 4 * 10^2 =$

250. $10^{-2} * 10^2 : 10^2 * 10^{-2} =$

251. $10^3 * 2 * 10^3 =$

252. $\dfrac{4 * 10^{-2}}{4 * 10^{-2}} =$

253. $10^4 * 2 * 10^4 * 2 * 10^4 * 2 * 10^4 =$

254. $6 * 10^{-4} * 6 * 10^{-4} =$

255. $\dfrac{5 * 10^4}{2 * 10^3} * 2 * 10^2 =$

256. $1{,}5 * 10^2 * 2 * 10^2 : 10^{-4} =$

257. $10^{-12} * 10^6 * 2 * 10^3 =$

258. $4 * 10^{-9} * 10^6 : 2 * 10^{-3} =$

Logaritmer

Logaritmen är en vidareutveckling av potensräkningen. Det är lättare att addera och subtrahera större tal än att multiplicera och dividera detsamma.

Logaritmen miste det mesta av sin praktiska betydelse när miniräknarna dök upp på marknaden.

Allmänt gäller att logaritmen av ett tal x är den exponent y som ett tal b (bas) skall upphöjas till för att bli talet x.

$$x = b^y$$

Basen b kan vara vilket positivt tal som helst större än 1.

De logaritmer som är vanligast är dels, tiologaritmen eller Briggska logaritmen, dels den naturliga logaritmen.

Tiologaritmen har **10** som bas och betecknas **log** eller **lg**.

Naturliga logaritmer har **e** (2,71828....) som bas och betecknas **ln**.

Tiologaritmen förekommer främst inom ljudmätning och analog elektronik.
Decibelskalan är logaritmiskt med 10 som bas.

Förstärkning inom elektroniken uttryckt i decibel (dB) definieras för spänningsförstärkning som 20 log F (F = förstärkning) eller för effektförstärkning som 10 log F

Naturliga logaritmer förekommer främst inom teoretisk matematik

Tiologaritmer

Tiologaritmer har **10** som bas vilket ger

$x = 10^y$ där $y = \lg x$

Kan även skrivas $x = 10^{\lg x}$

Ex: $\lg 100 = 2$ eftersom $10^2 = 100$

$\lg 1000 = 3$ eftersom $10^3 = 1000$

$\lg 0{,}001 = -3$ eftersom $10^{-3} = 0{,}001$

Logaritmlagar

$\lg a * b = \lg a + \lg b$

$\lg a / b = \lg a - \lg b$

$\lg a^b = b * \lg a$

Innan miniräknaren, användes tabeller eller räknesticka för att beräkna logaritmen för ett tal.

Eftersom multiplikation och division av större tal tog ganska lång tid, gjordes detta snabbare med hjälp av logaritmer.

Ex: Multiplicera talen 132 och 423, med hjälp av logaritmer.

$\lg 132 * 423 = \lg 132 + \lg 423$

$\lg 132 \approx 2{,}1206$ eller $132 \approx 10^{2,1206}$

$\lg 423 \approx 2{,}6263$ eller $423 \approx 10^{2,6263}$

$\lg 132 * 423 \approx 10^{2,1206} * 10^{2,6263} = 10^{\,2,1206\,+\,2,6263}$

$= 10^{4,7469} \approx 55\,836$

Naturliga logaritmer

Naturliga logaritmer har e (2,71828....) som bas vilket ger

$x = e^y$ där $y = \ln x$

Kan även skrivas $x = e^{\ln x}$

Logaritmlagar

$\ln a * b = \ln a + \ln b$

$\ln a / b = \ln a - \ln b$

$\ln a^b = b * \ln a$

Principen är densamma för alla logaritmer, det är bara basen som varierar.

Övningar:

259. lg 100

260. lg 25

261. lg 0,5

262. lg 1020

263. lg 0,01

264. $10^{0,301}$

265. $10^{0,778}$

266. $10^{-0,602}$

267. $10^{2,243}$

268. $10^{-2,523}$

269. ln 100

270. ln 25

271. ln 0,5

272. ln 1020

273. ln 0,01

274. $e^{0,301}$

275. $e^{0,778}$

276. $e^{-0,602}$

277. $e^{2,243}$

278. $e^{-2,523}$

Kvadratrot:

Kvadratroten ur ett tal **X** är det positiva tal som är lösningen till **Y** enl.

$$Y^2 = X \quad \text{det vill säga} \quad \sqrt{X} = Y$$

Detta kan också skrivas: $\sqrt{X} = X^{1/2}$

Kvadratroten kan även beskrivas som ett tal multiplicerat med sig självt skall bli värdet under rottecknet ($\sqrt{}$).

Ex: $\sqrt{4} = 2$ ger $2*2 = 4$ alltså är $\sqrt{4} = 2$.

$\sqrt{16} = 4 \qquad 4*4 = 16$

$\sqrt{25} = 5 \qquad 5*5 = 25$

$\sqrt{9} = 3 \qquad 3*3 = 9$

Detta gäller för alla tal ≥ 0. ($\sqrt{0} = 0$)

Gäller ej tal < 0. Då dessa inte är några reella tal.

Om **X** och **Y** är > 0 gäller:

$$\sqrt{X} * \sqrt{Y} = \sqrt{XY} \quad \text{och} \quad \frac{\sqrt{X}}{\sqrt{Y}} = \sqrt{\frac{X}{Y}}$$

Tredje roten (kubikrot) skrivs: $\sqrt[3]{X} \quad (= X^{1/3})$

Ex: $\sqrt[3]{9} = 3 \qquad 3*3*3 = 9$

Allmänt är n:e roten: $\sqrt[n]{X} = X^{1/n}$

Övningar

279. $\sqrt{4} =$

280. $\sqrt{9} =$

281. $\sqrt{25} =$

282. $\sqrt{100} =$

283. $\sqrt{49} =$

284. $\sqrt{2} =$

285. $\sqrt{3} =$

286. $\sqrt{1000} =$

287. $\sqrt{0,01} =$

288. $\sqrt{20} =$

289. $\sqrt{15} =$

290. $\sqrt{5} =$

291. $\sqrt{36} =$

292. $\sqrt{1,7} =$

293. $\sqrt{1040} =$

294. $\sqrt{0,1} =$

295. $\sqrt{10} =$

296. $\sqrt{32} =$

297. $\sqrt{16} =$

298. $\sqrt{1,25} =$

299. $\sqrt{2,5} =$

300. $\sqrt{18} =$

301. $\sqrt{125} =$

302. $\sqrt{15,5} =$

303. $\sqrt{23,18} =$

304. $\sqrt{225} =$

305. $\sqrt{350} =$

306. $\sqrt{1250} =$

307. $\sqrt{0,04} =$

308. $\sqrt{0,004} =$

309. $\sqrt{1,8} =$

310. $\sqrt{2,5} =$

311. $\sqrt{10000} =$

312. $\sqrt{450} =$

313. $\sqrt{6400} =$

Ekvationer

Ekvation betyder likhet och erhålls när man sätter två uttryck, innehållande en eller flera obekanta, lika.

Det vänstra ledet skall vara lika med det högra ledet.
(Vänstra ledet = Högra ledet)

Inom matematiken används ofta X, Y och Z för att beteckna ett okänt tal. Kallat variabler.
Givetvis går det lika bra att använda vilken bokstav eller tecken som helst.
Är det en resistans som ska beräknas, kanske R är lämpligt eller C för att beräkna en kondensator.

Ex 1:

$2 + X = 4$

För att lösa ekvationen och få X ensamt subtraherar vi båda sidor med 2 enligt $2 + X - 2 = 4 - 2$.
Vi får då $X = 2$.

Ex 2:

$2X = 4$

Här dividerar vi båda sidor med 2. $\dfrac{2X}{2} = \dfrac{4}{2}$
Och får då $X = 2$.

Vi påverkar inte resultatet när vi gör samma sak på båda sidor om likhetstecknet, så att vi får X ensamt på en sida.

Ex 3:

$2(X + 2) = 8$

Här multiplicerar vi först in tvåan i parentesen och får då:

2X + 4 = 8

Vi subtraherar sedan båda sidor med 4.

2X + 4 − 4 = 8 − 4

Vi får nu kvar 2X = 4.

Efter division med 2 får vi svaret X = 2

Är man osäker på om det framräknade värdet av X är det rätta. Kan detta enkelt kontrolleras genom att byta ut X i ekvationen mot det erhållna värdet på X.

Om vi gör det i exempel 3 får vi   2(2 + 2) = 8   Vilket är helt korrekt.

Alltså stämde svaret att   X = 2

I övrigt gäller samma regler för parenteser som beskrivits tidigare i häftet.

Om en ekvation innehåller mer än en variabel exempelvis X + Y = 100, går den inte att lösa utan mer information.

Om vi samtidigt vet att Y = X + 30, är det inget problem att lösa ekvationen.

Byt ut Y i den första ekvationen med den andra ekvationen
Vi får då X + (X + 30) = 100.

Eftersom det är ett + tecken framför parentesen kan den plockas bort och vi får X + X + 30 = 100 eller 2X + 30 = 100

Enligt tidigare exempel blir $X = \dfrac{100 - 30}{2}$ X = 35

Nu kan även Y beräknas genom att sätta in värdet för X i den första ekvationen 35 + Y = 100.

Y blir då 100 − 35, som är lika med 65.

OBS!

För att kunna lösa en ekvation krävs lika många ekvationer som det finns variabler.

Övningar

314. $2x - 8 = x$

315. $23x - 18 = 5x$

316. $8x - x + 2x + 3x - 7x = 12$

317. $41{,}4x = 113{,}4 + 10x - 50{,}6$

318. $80x + 211 = 30x + 261$

319. $1{,}4x = 11{,}1 + 1{,}1x + 9{,}2 - 0{,}8x - 6$

320. $14x + 8x - 114 - 99 = 3x - 19 + 10x - 23$

321. $225x - 4733 = 104x - 3281$

322. $1{,}7x + 34{,}01 - 23{,}56 = 61{,}45$

323. $1{,}31 = 6{,}67 - 9{,}9x + 14{,}44$

324. $2{,}2x - 14{,}4 = 1{,}5x - 4{,}6$

325. $13x - 14 = 12x - 12$

326. $5{,}32 - 4{,}44 = x - 2{,}18$

327. $13x + 14 - 17x + 12 = 106 - 8x$

328. $3x + 11 = x + 16$

329. $17x - 117 = 5x - 9$

330. $54x - 7 = 85 - 66x + 76$

331. $289 + 196x = 169x + 343$

332. $16{,}81x - 8{,}10 - 7{,}35x = 8{,}65x - 7{,}29$

333. $45 + 14x + 1 = 11x + 47 + 2x$

334. $13x - 19{,}2 - 0{,}3 = 4x - 1{,}5$

335. $43x + 36 = 56x - 3$

336. $46 - 42x = 36 - 45x + 10$

337. $4{,}9 + 0{,}7 - 3{,}1x - 0{,}8 - 1{,}7x = 0$

338. $3{,}7x - 3{,}3 - 0{,}1x = 0{,}3x$

339. $4{,}8x - 3 = 4{,}1 - 0{,}9x + 0{,}31$

340. $43x - 30 = 23 - 10x$

341. $0{,}2x + 0{,}9 + 0{,}4x = 5{,}3 - 3{,}4x$

342. $8 - 3{,}8x = 1{,}9x - 3{,}8 + 0{,}2x$

343. $1{,}1x - 4{,}9 = 3{,}3 - 3x$

344. $1{,}8 + 0{,}2x = 1{,}9x - 3{,}3$

345. $5x - 14 + 20x = 26 - 7x$

346. $44x - 45 + 11x = 49 + 8x$

347. $7 + 49x - 81 = 16x + 61 - 57x$

348. $x - 38 + 50x - 31 = 39 - 3x$

349. $23x - 2 + x = 16 - 12x$

350. $57 + 3x = 3 + 32x - 4$

351. $2x - 7 - 41x = 6 - 55x + 19$

352. $10x - 33 + 40x = 41 - 10x - 14$

353. $30x - 28 - 4x + 27 = 24 - 24x$

354. $25x - 10 - 40x - 11 = 6 - 43x + 1$

355. $18 + 15x + 44 + 6 = 46x + 3 - x + 41$

356. $105x - 18x - 19 + 32x = 81x$

357. $13x + 13 - x = 51 - 26x$

358. $43x + 61 + 14x = 54x + 73$

359. $21x + 50 + 14x = 37x + 49$

360. $33x + 40 - 13x - 46 - 19x = 0$

361. $11x + 9 - 6x + 8 = 105 - 11x - 18 + 9x$

362. $7x + 11 - 18 - 17 + 4x + 16 - x = 0$

363. $x + 1 - 2x + 5x + 18 = 9 + x + 10$

364. $1{,}99 - 2{,}01x + 4{,}31 = 0{,}2x - 0{,}33$

365. $32x - (15x - 19) = 39 - (3 + 8x) - (6 - 3x)$

366. $63x + (13 - 17x) - 6x = 63$

367. $8x = (15x + 3) - (12x + 15 - 8x)$

368. $6x - 20 + (46x - 61 + 18x) = 11 - (30x - 23)$

369. $48 - (18 - 58x) = 28 - (17 + 18x - 57)$

370. $41 - (x + 39) + 39x = 18x - (19x - 32 - 29x)$

371. $6 + (16x - 8) - (10 + 12x) - 12 = 0$

372. $1{,}4 - (1{,}2 + 0{,}8x) - (0{,}7 - 2{,}1x) = 1{,}4x - (2{,}7x - 0{,}8)$

373. $23x + 8 - (7x + 8) = 34 - (16 + 15x) + (29x + 1)$

374. $7 - (2x - 17 - x) = 2x - (29 - 3x - 17)$

375. $63x = 121 - (4x + 7 - 29x)$

376. $26x + 49 = 40x - 38 - (9x + 19) + 88$

377. $6(x + 5) = 42$

378. $5(x + 12) = 90$

379. $4(6x - 8) = 4$

380. $15(2x + 3) = 75$

381. $14(1{,}1 - x) = 7$

382. $5(2x + 10{,}2) = 61$

383. $\dfrac{4(x + 1)}{3} = 12$

384. $\dfrac{6(8 + x)}{8} = 6$

385. $\dfrac{9(x - 15)}{3} = 6$

386. $\dfrac{8(2x - 2)}{15} = 4$

387. $17 + 26x = 4(8x - 2) + 19$

388. $3(8x - 15) + 6 = 7(2x - 5) + 2$

389. $3(4x - 3) + 7 = 2(5x - 2) + 11$

390. $3(6x - 5) = 4(x - 3) - (9 - 4x) + 11$

391. $8(2x - 6) - (3x + 8) = 4(11x + 6) - 41x$

392. $7(x + 5) - 24x = 11(3x + 2) + 8$

393. $15(2x + 3) - (5x + 8) = 1,5(4x + 2) + 43,5$

394. $12(x + 3) + 7(6x - 3) = x + 13(4x - 3) + 57$

395. $4(6x + 5) - 5(5x - 4) = 7(7x + 5)$

396. $10(2x + 3) - 9(4x - 3) = 12(x + 3) - 42$

397. $6(15x + 10) - 27 - (x - 32) = 7(11x + 11)$

398. $1,5(0,2x - 0,7) = 0,4(0,5x + 1,1) - (0,39x - 0,47)$

399. $8(3x - 1) - (6x - 8) = 5(4x - 30)$

400. $3(5x - 6) = 5(x - 2) - (1 - 3x)$

401. $9(4x - 8) - (6x + 3) = 5(x + 9) + 5$

402. $2x - 0,5(2x - 10) + 0,75(4x - 8) = 0$

403. $7(4x - 5) - 7(x - 1) - (7 - x) = 9$

404. $5(3x + 3) - 7(6x + 4) - 9(8x - 5) + x = 0$

405. $314 = 13(x - 2) - (12x - 13) + 2(150 + x)$

406. $120(0,1 - 0,01x) - (1,4x - 2) - 0,3(50 - 10x) = 0$

407. $2(6x + 2) - 3(5x - 5) = 4(6x - 15,5)$

408. $4(10 - x) - 3(12 - x) - (x - 11,44) = (16,02 - 4x)$

409. $11(2x - 4) + 12(5x - 3) - 10(8x - 7) = 0$

410. $10(3 - x) - 4(6 - 8x) + 1,5(4 - 10x) - 26 = 0$

411. En maskin är 25 år och en annan 4 år. Hur många år dröjer det innan den första maskinen är fyra gånger så gammal som den andra maskinen?

412. Vid förrådsinventering fanns 116 paket och 8 skruvar av en viss skruvdimension. Till ett montage levererades 20 paket och returnerades 10 skruvar. Till ett annat montage levererades 15 paket och returnerades 7 skruvar. Därefter fanns 997 skruvar i lager.

a) Hur många skruvar fanns i varje paket?
b) Hur många skruvar åtgick till det första montaget?

413. 15 liter av en oljesort blandas med 12 liter av en billigare sort. Den dyrare kostar 7,5 kr mer per liter. Tillsammans kostade blandningen 174,66 kr.
Vilket literpris har de båda sorterna?

414. Ett arbetslag är 4 timmar förstärkt med en man, 6 timmar förstärkt med tre man och 8 timmar förstärkt med fyra man. Dessutom arbetar man 6 timmar, då två man saknas i arbetslaget. Hur stort är arbetslaget, om den totala arbetstiden blir 162 mantimmar?

415. $7x + (16 + 3x) = 21$

416. $9x - (10 + 3x) = 2$

417. $5x - (15 - 4x) = 3$

418. $15x - (13x - 6) = x + 5$

419. $14x - (78 - 5x) = 83 - (10x + 16)$

420. $59x + (3x - 27) = 4x + (15 - 2x)$

421. $36 - (14 - 24x) + 12 = 12x + (33 + 16x)$

422. $(14 - x) + 33 = 6x + (147 - 107x)$

423. $31{,}1 - (1{,}1x - 4{,}3) = 17{,}8$

424. $220 - (14x - 11) = 77$

425. $1{,}1x - (1{,}2x - 1{,}3) = 1{,}4 - (1{,}5x - 2{,}7)$

426. $40 + (65x - 55) = 30 - (35x - 20) + 10$

427. $(54 - 5x) - (35 - 37x - 1) = 41 + 4x$

428. $(1 + 49x - 11) - (40 + 19x - 47) = 0$

429. $8x - (6x + 3 - 2x + 11) = 28 - (54 - 6x)$

430. $30 - (8 + 5x) - (3 - 23x) = 29x - (31x - 26)$

431. $0{,}11 + x = 1.89$

432. $x - 131 = 447$

433. $0{,}4x = 320$

434. $\dfrac{x}{22} = 31{,}4$

435. $\dfrac{3x}{4} + 5{,}2 = 6{,}4$

436. $\dfrac{5x}{6} - 15{,}55 = 4{,}45$

437. $\dfrac{4x}{6} = \dfrac{1}{2}$

438. $\dfrac{8x}{9} - 3 = 19\dfrac{1}{3}$

439. $x + 19 = 47$

440. $14x = 196$

441. $31 + x = 32$

442. $3x + 3{,}8 = 13{,}1$

443. $13x + 182 = 273$

444. $4x + 4{,}4 = 10{,}8$

445. $15x + 14{,}35 = 44{,}65$

446. $2{,}1x + 4{,}5 = 23{,}4$

447. $6{,}4x + 3{,}1 = 15{,}9$

448. $2x - 4{,}2 = 0{,}8$

449. $0{,}02x - 3{,}61 = 0{,}39$

450. $0{,}1x - 10 = 1$

451. $0{,}3x - 5{,}05 = 5{,}15$

452. $4{,}3x + 0{,}5 = 9{,}1$

453. Om man dividerar ett tal med 2,2 och minskar kvoten med 3, får man 4 till rest. Vilket är det sökta talet?

454. En verkstadslokal har en golvyta av 108 m^2. Lokalens längd är 9 m. Hur bred är lokalen?

455. På ett verkstadsområde var 12 km/tim tillåten körhastighet. Hur många procent ökade hastigheten med när maxihastigheten sattes till 15 km/tim ?

456. $\dfrac{5x}{3} = 10$

465. $\dfrac{3x}{11} = 27$

457. $\dfrac{9x}{12} = 45$

466. $\dfrac{13x}{6} = 39$

458. $\dfrac{16x}{3} = 24$

467. $\dfrac{3x * 4}{100} = 12$

459. $\dfrac{5x}{6} = 25$

468. $\dfrac{x * 6 * 4}{15} = 8{,}4$

460. $\dfrac{0{,}4x}{3} = 6$

469. $\dfrac{x}{5} = \dfrac{9}{15}$

461. $\dfrac{3x}{4} = \dfrac{6}{10}$

470. $\dfrac{x}{17} = \dfrac{3}{170}$

462. $\dfrac{5x}{11} = \dfrac{3}{6}$

471. $\dfrac{x}{13} = \dfrac{9}{39}$

463. $\dfrac{x}{18} = \dfrac{5}{90}$

472. $\dfrac{8x}{14} = \dfrac{4}{7}$

464. $\dfrac{2x}{50} = 0{,}04$

473. $\dfrac{7x}{32} = \dfrac{49}{56}$

474. $\dfrac{2x}{52} = 52\dfrac{1}{2}$

475. $\dfrac{11x}{6} = 40\dfrac{1}{3}$

476. $\dfrac{8x}{9} = 1\dfrac{1}{3}$

477. $\dfrac{3}{4} = \dfrac{3x}{4}$

478. $\dfrac{2}{4} = \dfrac{2x}{3}$

479. $\dfrac{12x}{18} = \dfrac{1}{2}$

480. $\dfrac{3x}{7} + 1 = 4$

481. $\dfrac{1{,}1x}{7} + 0{,}9 = 2$

482. $19{,}5x - 7 = 4{,}7$

483. $\dfrac{6x}{5} = 2\dfrac{6}{15}$

484. $\dfrac{1{,}7x}{3} = 11\dfrac{1}{3}$

485. $\dfrac{1{,}9x}{66} = 57$

486. $18 + \dfrac{5x}{9} = 43$

487. $1{,}99 + \dfrac{2x}{3} = 17{,}99$

488. $\dfrac{2}{x} = 4$

489. $\dfrac{51}{x} = 17$

490. $\dfrac{1{,}2}{x} = 2{,}4$

491. $\dfrac{320}{x} = 0{,}4$

492. $\dfrac{0{,}18}{x} = 0{,}2$

493. $\dfrac{27}{x} = 9$

494. $\dfrac{312}{x} = 4$ **497.** $\dfrac{477}{x} = 31{,}8$

495. $\dfrac{0{,}3}{x} = 2$ **498.** $\dfrac{0{,}3}{x} = 10$

496. $\dfrac{10}{x} = 0{,}004$ **499.** $\dfrac{3\frac{1}{2}}{x} = 175$

500. $2x + 8 = 10$

501. $25 + x = 30$

502. $5x - 2 = 3x + 18$

503. $35 - x = 14 + x$

504. $125 - 5x = 150$

505. $75 + 25x = 15x - 8$

506. $100x + 2 = 180$

507. $10a + 2(a + 2) = 52$

508. $5 - \sqrt{a} = 1$

509. $10 - 3(-2 + a) = 10$

510. $11x = 2x + 18$

511. $9x - 14 = 2x - 7$

512. $4x - 5 = 2x + 1$

513. $540 : x = 1800$

514. $19x - 18 = 16 - 15x$

515. $2(3x + 5) = 22$

516. $2(7x + 3) - 9 = 18$

517. $1{,}5x + 10{,}2 = 7{,}5 + 10{,}5x$

518. $4(2{,}5x - 4) = 14$

519. $3(x + 11) - 1 = 2(x + 50)$

520. $11t + 127 = 721$

521. $32{,}3 = 5y - 137{,}7$

522. På en klassfest hade alla tjejer enfärgade klänningar. Alla utom 7 hade blå, alla utom 6 hade röda och alla tjejer utom 5 hade gröna klänningar. Några andra färger förekom ej. Hur många tjejer fanns på festen?

523. $\dfrac{x + 3}{7} + \dfrac{2 - 2x}{21} = \dfrac{2}{3}$

524. $\dfrac{x - 7}{2} + \dfrac{1 - x}{3} = 0$

525. $\dfrac{2x + 5}{3} + \dfrac{2 - x}{2} = \dfrac{8}{3}$

526. $\dfrac{7x-16}{12} + \dfrac{4-x}{3} = 1$

527. $0,5(x + 1,5) = 0,25(4x + 1,5)$

528. $a^2 + 2 = 2(5 - \sqrt{4})$

529. Att hyra en bil kostar 105 kr/dygn plus 12,50 kr per mil. Hur många mil kan man högst köra för en tusenlapp? Om man hyr bilen i 3 dygn.

530. $25 - 3y - (y + 8) = 9$

531. $30 + 4y - 2(y - 2) = 40$

532. $1,95 = 0,375z + 0,45$

533. $2,5y - 687 = 978$

534. $4,5 + x(2 + 5)(2 + 5) = 29$

535. $4,5 - y(2 + 5)(2 + 5) = 29$

536. $z + 3 - (5 - z) = 18$

537. $y - 4 + 2(5 - y) + y = 11$

538. Fadern tjänade tre gånger så mycket som sonen Arne, vars timförtjänst är 2 kr större än brodern Eriks.
Alla tre arbetar 160 timmar och deras sammanlagda månadsförtjänst är 46 400:- kr.
Hur stor är vars och ens timförtjänst ?

Formler:

En formel är en ekvation som innehåller minst två obekanta tal. Dessa tal betecknas med bokstäver och kallas *variabler*.

Ex1:
Sambandet mellan en cirkels diameter och dess omkrets.
Som är $O = \pi * d$ Där O = omkretsen och
d = diametern.

Om omkretsen är känd och man vill veta diametern löser man ut d i formeln ovan. (Här gäller samma regler som för ekvationer)

Vi får då en formel med följande utseende. $d = \dfrac{O}{\pi}$

Ex2:
Vid beräkning av en cirkels area $A = \dfrac{\pi d^2}{4}$
gäller följande formel.

Om man vet arean men söker diametern löser man ut **d** enl.

Steg 1 $A * 4 = \pi * d^2$

Steg 2 $\dfrac{A * 4}{\pi} = d^2$

Slutligen har vi fått en ny
formel eller löst ut **d** enl. $d = \sqrt{\dfrac{4A}{\pi}}$

Ex3:
Man har en formel $A = B + C$ och en
andra formel $B = 2E$
Vet man **E** och **C** kan man sätta ihop de båda formlerna och får då en tredje formel $A = 2E + C$.
(Byt ut **B** i den första formeln mot den andra formeln).

Övningar

539. En formel lyder A = B + C
Lös ut C.

540. Ur formeln Y = 2X + Z söker vi X.

541. Ohms lag lyder U = R ∗ I
U = Spänning (volt)
R = Resistans (ohm)
I = Ström (ampere)
Vi vet U och R. Lös ut I

542. Vad blir R enl. formeln ovan.

543. Formel 1 X = Y + Z.
Formel 2 Y = 2B.
Vi vet X och B. Lös ut Z.

544. Lös ut C ur formeln
A = X − (2B + C)

545. Lös ut B ur formeln ovan.

546. Lös ut F ur formeln
A = Y − 2(B − F) − A

547. Formlerna för en cirkel är A = $\pi d^2/4$
och O = πd.
Om arean är känd, vad blir då omkretsen med hjälp av dessa formler.

548. Lös ut v ur formeln
S = v ∗ t

549. Lös ut n ur formeln
X = 180(n − 2)

Geometri

Grundläggande geometri:

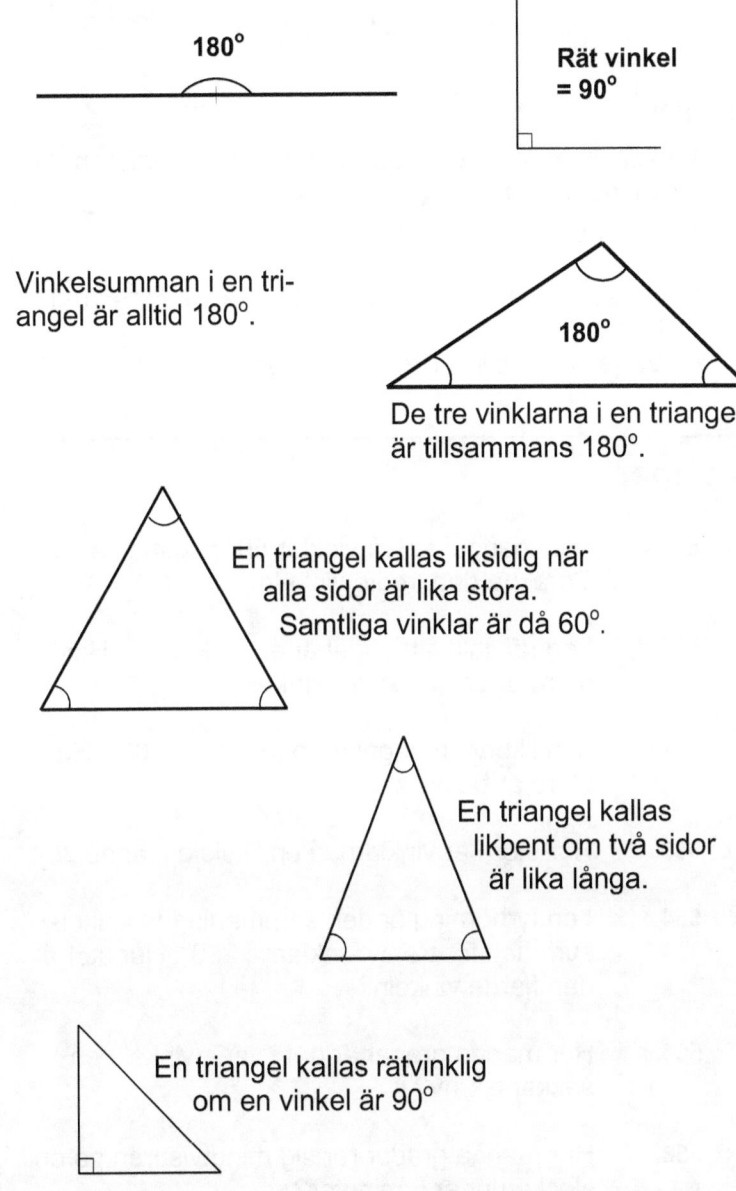

180°

Rät vinkel = 90°

Vinkelsumman i en triangel är alltid 180°.

180°

De tre vinklarna i en triangel är tillsammans 180°.

En triangel kallas liksidig när alla sidor är lika stora. Samtliga vinklar är då 60°.

En triangel kallas likbent om två sidor är lika långa.

En triangel kallas rätvinklig om en vinkel är 90°

Vinkelsumman i en rektangel (eller fyrhörning) och cirkel är alltid 360°.

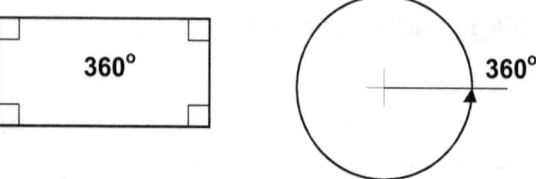

Allmänt:

Vinkelsumman för en månghörning med antalet "n" hörn eller vinklar gäller:

180 (n − 2) =

Ex: En sexhörning (en vanlig sexkantskalle för skruv) får vinkelsumman $180(6 - 2) = 720°$
Varje vinkel blir då $720/6 = 120°$

Övningar

550. I en triangel är två vinklar 50° respektive 105°. Beräkna den tredje vinkeln.

551. I en rätvinklig triangel är en vinkel 30°. Hur stora är de två andra vinklarna?

552. I en likbent triangel är toppvinkeln 105°. Hur stora är basvinklarna?

553. Hur stora är vinklarna i en liksidig triangel?

554. I en fyrhörning är den sammanlagda vinkelsumman för tre av vinklarna 280°. Hur stor är den fjärde vinkeln?

555. Hur många grader är det i varje vinkel i en sexkantskruv?

556. Hur många grader rör sig minutvisaren på en klocka under 5 minuter?

557. Hur många grader rör sig sekundvisaren under 30 sekunder?

558. Hur många grader är två timmar på en klocka?

Rektangelns och triangelns area och omkrets:

Arean (A) = b * h

Omkretsen (O) = b + b + h + h

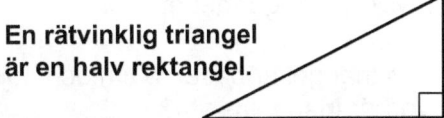

I en rektangel är alla vinklar 90°.

Ex: b = 4 cm h = 2 cm
Arean blir då 4 * 2 = 8 cm^2
Omkretsen blir 4 + 4 + 2 + 2 = 12 cm

En rätvinklig triangel är en halv rektangel.

Arean i en triangel är basen gånger höjden genom två.

$$A = \frac{b * h}{2}$$

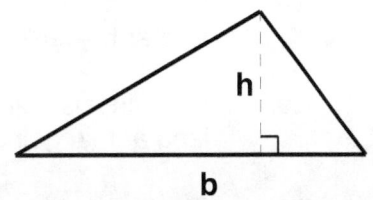

Övningar

559. En rektangel har sidorna 7 och 3 cm. Hur stor är dess omkrets?

560. Hur stor är ytan i föregående uppgifts rektangel?

561. En av långsidorna i en rektangel är 12 cm och den ena kortsidan är 4 cm. Vad blir rektangelns yta?

562. En rektangulär villatomt är 800 m^2. En sida är 25 m. Hur lång är den andra sidan?

563. Hur många meter staket går det åt om man vill inhägna villatomten i uppgiften ovan?

564. En rektangel har sidorna 25 och 5 cm. Hur stor är dess yta?

565. Ett golv är 4m långt och 2,5 m brett. Hur måmga kvadratmeter är golvet?

566. Du skall måla ett plank som är 25 m långt och 2 m högt. Färgren täcker 6 m^2 per liter. Hur mycket färg går det åt?

567. I en triangel är basen 5 cm och höjden 3 cm. Vad är triangelns yta?

568. En triangels yta är 24 cm^2. Basen är 8 cm, Vad är höjden?

569. En triangels höjd är 5 cm, ytan är 30 cm^2. Hur lång är triangelns bas?

570. Sidorna i en triangel är 25, 8 och 12 cm. Vad är triangelns omkrets?

571. Höjden i en triangel är 4 cm och basen är 15 cm. Vad är triangelsns yta?

572. En triangels bas är 8 cm och ytan är 80cm^2. Vad är höjden?

Cirkelns area och omkrets:

Förhållandet mellan en cirkels omkrets
och dess diameter = π

π * diametern (d) = omkretsen (O)

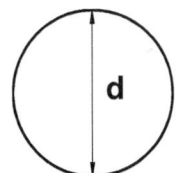

En cirkels yta (A) är:

$$A = \frac{\pi * d^2}{4} \quad \text{eller} \quad A = \pi * r^2$$

Ex: En cirkel har diametern 4 cm. Hur stor är omkretsen och dess yta?

Svar:
Omkretsen blir $\pi * 4 = 12,57$ cm.
Ytan blir $\pi * 4^2 / 4 = 12,57$ cm^2

Övningar

573. Hur stor är en cirkels omkrets om dess diameter är 8 cm?

574. Vad blir en cirkels diameter om omkretsen är 19 cm?

575. En halv cirkel har diametern 7 cm. Vad blir dess omkrets?

576. Hur stor är ytan i den halva cirkeln i uppgiften ovan?

577. En cirkel har radien 3 cm, vad blir dess yta?

578. En cirkels yta är 28 mm². Vad är diametern?

579. Hur stor är omkretsen i uppgiften ovan?

580. En cirkels omkrets är 23 mm. Hur stor är cirkelns yta?

581. Ett runt bord har diametern 80 cm. Vad blir bordets omkrets?

582. Vad blir bordets yta?

583. Ett runt bord skall tillverkas. Runt bordet skall det vara plats för sex personer. Varje person kräver 70 cm i utrymme. I vilken diameter ska bordet tillverkas?

584. Vilken diameter blir det på bordet ovan om det ska ha plats för åtta personer?

585. Hur stor blir ovanstående bords yta om det är anpassat för sex personer?

586. Vad blir ytan om bordet är tillverkat för åtta personer?

587. Ett rör har ytterdiametern 10 mm och godstjockleken 1mm. Vad blir innerdiametern?

588. Vad blir rörets snittyta?

589. En cirkels radie är 7 mm. Vad blir cirkelns omkrets?

590. En cirkels yta är 50 cm². Vad blir diametern? Vad blir cirkelns omkrets?

Pytagoras sats

Pytagoras sats "**Summan av kvadraterna på katetrarna är lika med kvadraten på hypotenusan**" gäller för alla rätvinkliga trianglar.

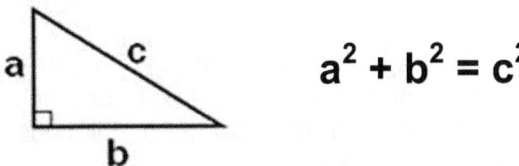

$$a^2 + b^2 = c^2$$

Det finns en specialversion som kallas "egyptisk" triangel med sidorna 3, 4 och 5. Där katetrarna är 3 och 4 och hypotenusan = 5.

$$3^2 = 9$$
$$4^2 = 16$$
$$5^2 = 25$$
$$9 + 16 = 25$$

Ex 1: I en rätvinklig triangel är sidorna 5 och 7 cm. Hur lång blir hypotenusan?

Lösning:

$5^2 = 25 \quad 7^2 = 49 \quad 25 + 49 = 74 \quad \sqrt{74} \approx 8,6$

Hypotenusan blir således ungefär 8,6 cm.

Ex 2: I en rätvinklig triangel är den längsta sidan 15 cm och den ena kortsidan 6 cm. Hur lång är då den tredje sidan?

Lösning:

Enligt pytagoras sats blir den tredje sidan
$15^2 - 6^2 = 189 \quad \sqrt{189} \approx 13,7$

Den tredje sidan blir ungefär 13,7 cm.

Övningar

591. En rätvinklig triangels hypotenusa är 24 dm. Den ena kateten är 9 dm. Hur lång är den andra kateten?

592. En stege är 40 fot lång, den placeras 24 fot ifrån väggen, lutas mot denna och räcker då precis till väggens översida. Hur hög är väggen?

593. En rektangulär planskiva är 40 cm lång och 30 cm bred. Hur långt är det mellan två av de motsatta hörnen?

594. En rätvinklig triangels ena katet är 6 dm och den andra är 80 cm. Vilken längd har hypotenusan?

595. Beräkna höjden i nedanstående triangel.

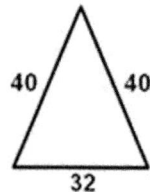

596. Sidan i en liksidig triangel är 12 mm. Hur stor är höjden?

597. Beräkna diagonalen i en rektangel med längden 40 och bredden 9 mm.

598. Beräkna nedanstående triangels area! (Mått i mm)

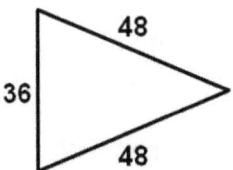

599. Beräkna hypotenusan i nedanstående triangel!

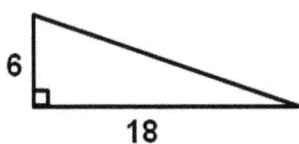

600. En rektangels diagonal är 29 cm och dess längd är 21 cm. Beräkna bredden och arean.

601. Om ena kateten = 10 m och hypotenusan = 26 m. Hur stor är triangelns area?

602. Kan man fräsa en fyrkant med nyckelvidden 30 mm på en axel som har diametern 35 mm?

603. I en likbent triangel är de lika sidorna 101 mm och höjden mot den tredje 99 mm. Beräkna basen och arean.

604. Höjden i en triangel är 9 mm och delar basen så att delarna blir 12 mm och 40 mm. Beräkna triangelns övriga sidor.

605. Vilken diameter fordras på en axel, för att man på den skall kunna fräsa en fyrkant med nyckelvidden 20 mm?

606. I en likbent triangel är basen 20 mm samt var och en av de lika stora sidorna 26 mm. Hur stor är
a) Höjden?
b) Arean?

607. Hur stor är diagonalen i en kvadrat med sidan 48 cm?

608. Beräkna arean av en liksidig triangel, vars sida är 14 cm?

609. Hur hög är manteln i en kon med radien 45 mm och höjden 108 mm?

610. En 18 m lång stege står lutad mot en vägg på 4 m avstånd från väggen. Hur högt upp når stegen?

611. Hur lång är kateten i nedanstående figur?

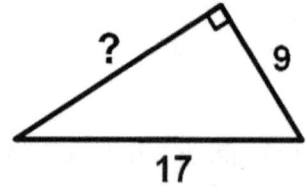

612. I en rätvinklig triangel har hypotenusan en längd av 102 mm. Den ena kateten är 60 mm. Beräkna den andra katetens längd.

613. En sexkantstång har 8 mm kant.
a) Beräkna nyckelvidden, dvs. avståndet mellan två parallella sidor.
b) Hur stor är arean?

614. Hur lång är den längsta kateten i en rätvinklig triangel, då hypotenusan är 150 mm lång och den kortaste kateten 15 mm?

615. Beräkna längden på hypotenusan i nedanstående triangel!

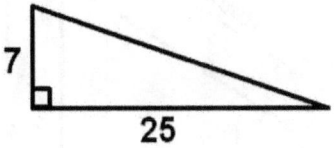

616. I en rätvinklig triangel är katetrarna 10,5 och 13 mm. Beräkna längden på hypotenusan.

617. Hur lång är diagonalen i den rektangel vars sidor är 48 och 15 mm långa?

618. Hur stor är höjden i den liksidiga triangel vars sida är 20 mm?

Trigonometri

Trigonometri = Läran om sambandet mellan vinklar och sidor i en triangel.

För att bättre förstå sambandet mellan de olika trigonometriska funktionerna används en enhetscirkel med radien = 1.

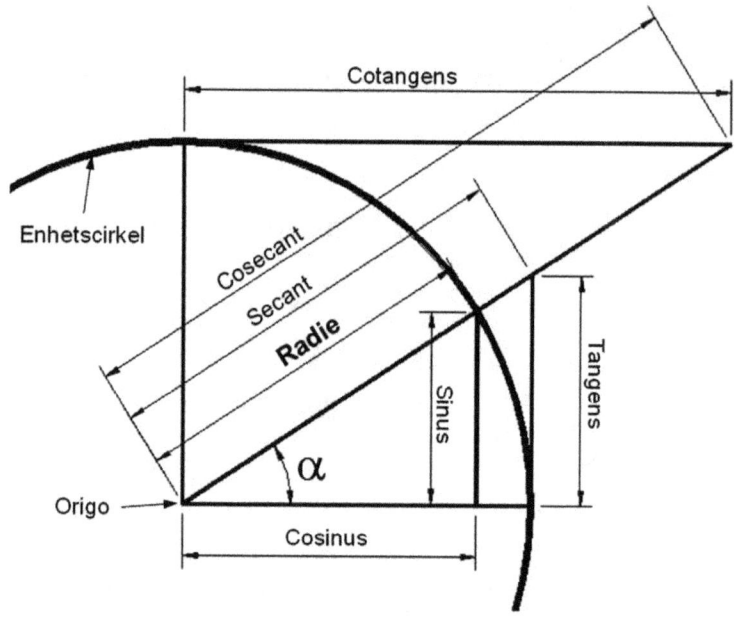

Om man utgår från enhetscirkeln med radien = 1 varierar absolutvärdet för sinus och cosinus mellan noll och ett beroende av storleken på vinkeln α.

På samma sätt varierar då absolutvärdet för tangens mellan noll och oändligt.

De vanligaste funktionerna är sinus, cosinus och tangens. Dessa funktioner finns också på de flesta miniräknare idag.

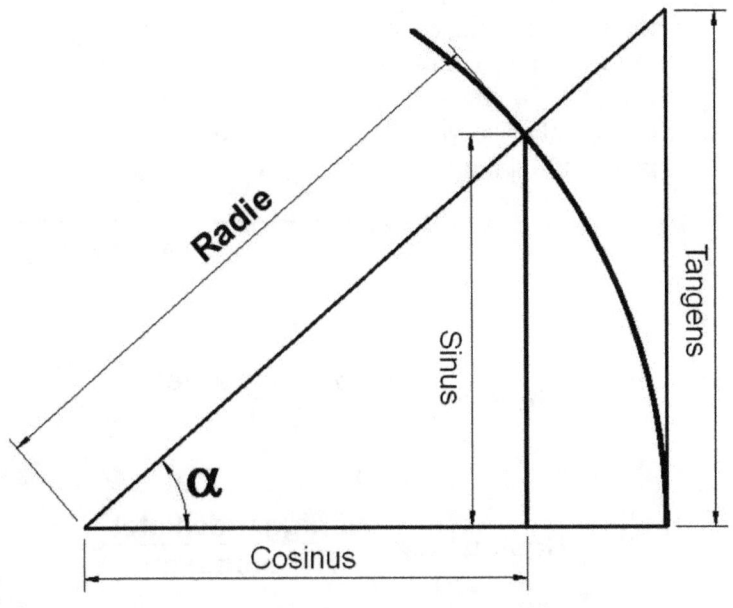

Om vi sätter in cosinus- och sinusvärdet i ett kordinatsystem, där cosinus = x axeln och sinus = y axeln, utgör dessa värden kordinaterna för cosinus och Sinus på enhetscirkeln (x ; y).

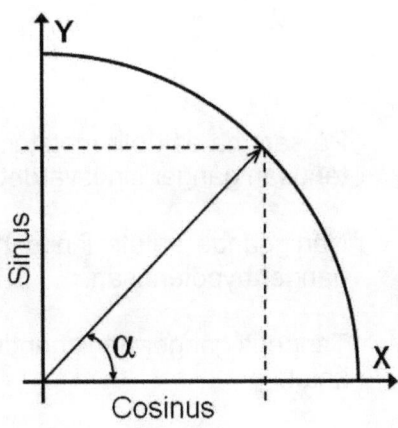

Förhållandet mellan de vanligaste trigonometriska fuktionerna, Sinus, Cosinus och Tangens i förhållande till vinkeln α är följande.

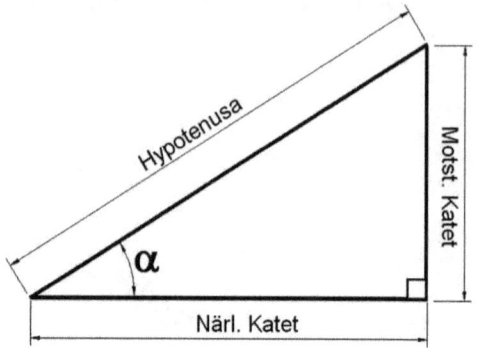

$$\text{Sinus } \alpha = \frac{\text{Motstående katet}}{\text{Hypotenusan}}$$

$$\text{Cosinus } \alpha = \frac{\text{Närliggande katet}}{\text{Hypotenusan}}$$

$$\text{Tangens } \alpha = \frac{\text{Motstående katet}}{\text{Närliggande katet}}$$

På samma sätt blir motstående katets längd lika med hypotenusan gånger sinusvärdet för vinkeln.

Närliggande katets längd blir då cosinusvärdet för vinkeln gånger hypotenusan.

Tangens gånger närliggande katet blir värdet på motstående katet.

Om man söker en sidas längd, när en sida och vinkeln är kända kan man tillämpa följande.

Motstående katet = Hypotenusan x Sinus α

Motstående katet = Närliggande katet x Tangens α

Närliggande katet = Hypotenusan x Cosinus α

Närliggande katet = Motstående katet : Tangens α

Hypotenusan = Motstående katet : Sinus α

Hypotenusan = Närliggande katet : Cosinus α

Ex 1:

Beräkna vinkeln α i en triangel där hypotenusan är 73 och motsående katet är 25.

Lösning:

Sinus för vinkeln α är enligt ovan 25 dividerat med 73 vilket ger kvoten 0,342.
Med hjälp av tabell eller miniräknare får man sedan fram vinkeln med sinusvärdet 0,342 = 20 grader.

Ex 2:

Vinkeln α är 35° (grader) och hypotenusan är 50 mm. Hur lång är då närstående katet?

Lösning:

Cosinusvärdet för vinkeln α = 0,819. Multiplicerat med hypotenusan som var 50 mm ger att närstående katet blir ca. 41 mm.

ÖVNINGAR

Sök funktionsvärdet:

619. Sin 45° =

620. Cos 60° =

621. Sin 75° =

622. Cos 30° =

623. Sin 90° =

624. Cos 15° =

625. Tan 15° =

626. Tan 30° =

627. Tan 75° =

628. Sin 56,6° =

629. Tan 18,5° =

630. Cos 3,8° =

631. Sin 12,5° =

Sök vinklarna för:

632. Sin α = 0,4633

633. Cos α = 0,4399

634. Tan α = 0,3522

635. Cos α = 0,9041

636. Tan α = 44,07

637. Sin α = 0,7071

638. Sin α = 0,9943

639. Tan α = 2,2889

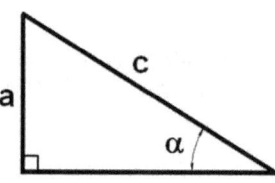

Beräkna med hjälp av funktionen för sinus vinkeln α i triangeln:

640. a = 15 cm   c = 35 cm

641. a = 78 cm   c = 85 cm

642. a = 0,3 m   c = 0,9 m

Beräkna med hjälp av funktionen för cosinus vinkeln α i triangeln nedan:

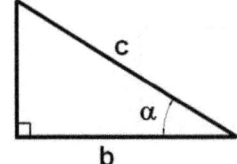

643. b = 25 cm   c = 30 cm

644. b = 12,5 cm   c = 13 cm

645. b = 0,6 m   c = 0,7 m

Beräkna med hjälp av funktionen för tangens vinkeln α i triangeln nedan:

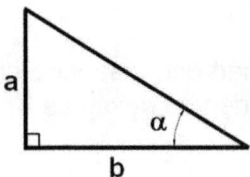

646. a = 18 cm   b = 20 cm

647. a = 185 cm   b = 25 cm

648. a = 12,5 cm   b = 215 cm

649. I en likbent triangel med höjden 65 cm och toppvinkeln 70° söks basens längd och övriga vinklar.

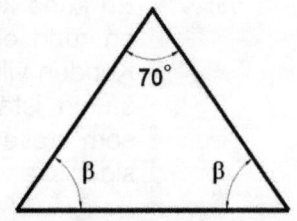

650. Beräkna vinklarna och diagonalens längd i rektangeln nedan.

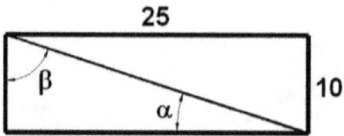

651. I en rätvinklig triangel är en vinkel 37,5° och dess motstående katets längd är 16 cm. Beräkna triangeln sidor och vinklar.

652. I en rätvinklig triangel är hypotenusan 28 cm. En av kateterna är 12,5 cm. Beräkna triangelns sidor och vinklar.

653. Beräkna arean av en triangel med $\alpha = 55°$ och närstående katet 38 cm.

654. En triangel har mått och utseende enligt nedan. Beräkna längden på dess bas B.

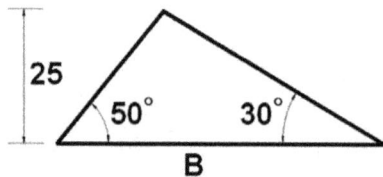

655. En kund kommer till en snickarverkstad med en rund ekstav som har diametern 40 mm. Kunden vill ha staven hyvlad till en kvadratisk sådan istället. Vilket är den maximala sida som staven kan få i genomskärning, om alla sidor ska vara lika.

656. En stege står lutad mot en vägg enligt figuren. Beräkna vinkeln β. Mått i m.

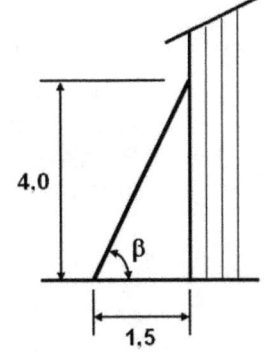

657. En slalombackes höjd ligger på 950 m ö h. Målet ligger 740 m ö h. Den vågräta sträckan från start till mål är 440 m. Beräkna backens medellutning.

658. Tre hål är jämnt fördelade på en hålcirkel med diametern 100 mm. Beräkna måtten A och B.

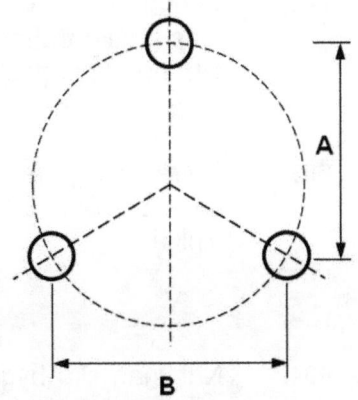

659. Från en båt kan man se ett fyrtorn på ett avstånd av 2 km. Fyrtornets topp betraktas under en vinkel av 1,3°. Beräkna fyrtornets höjd.

660. En takstol till en villa har följande konstruktion och mått. Beräkna takstolens längd L och höjden H.

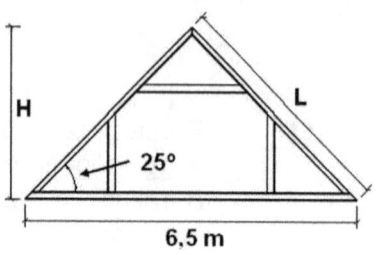

661. I vidstående figur visas en regelbunden sexkant. Bestäm måtten X. (Mått i mm)

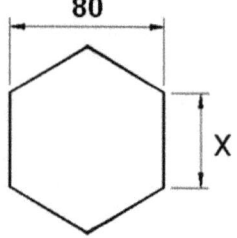

662. Skuggan från en flaggstång är 25,6 m lång. Solens strålar träffar marken med en vinkel på 28,5°. Hur hög är flaggstången.

663. En rätvinklig triangels area är 240 m². Den ena kateten är 15 m. Beräkna triangelns övriga sidor och vinklar.

664. När man ska bygga en ny bro måste åns lopp ändras. En ny fåra får grävas med följande profil. Beräkna måttet X.

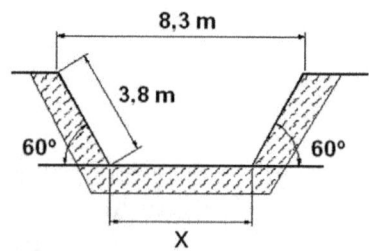

665. 3 st hål med diametern 8 mm och ett inbördes avstånd på 60 mm skall borras i en platta enl figuren. Beräka måtten **A**, **B**, **C** och **D**.

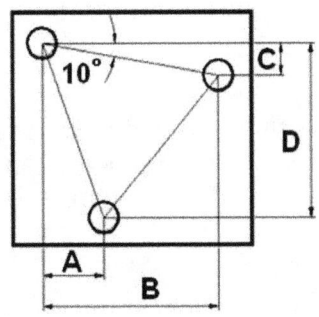

666. Bestäm längden **X** i figuren. mått i mm.

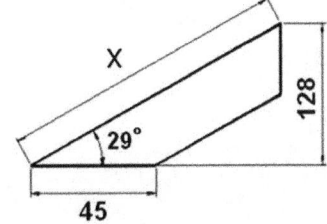

667. Bestäm vinkeln α i figuren. mått i mm.

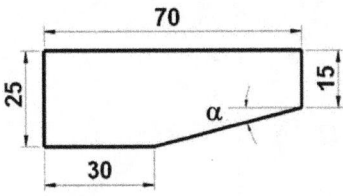

668. Vad blir diametern **D** i figuren. mått i mm.

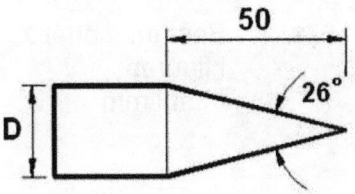

669. Bestäm diagonalen **d** och sidan **a**.
mått i mm.

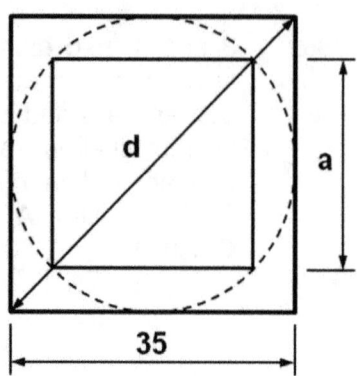

670. Beräkna vidstående kubs diagonal.
mått i mm.

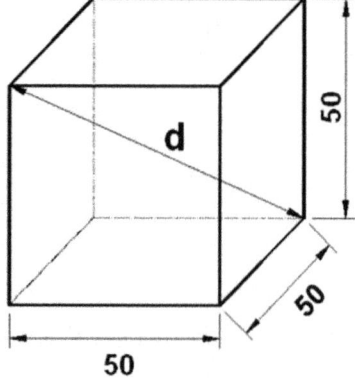

671. Bestäm måttet **X**.
i figuren.
mått i mm.

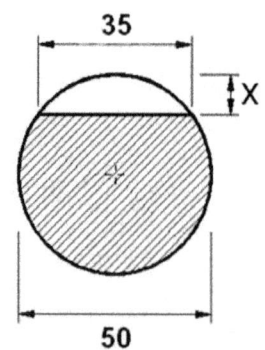

672. Vad blir vinkeln α i figuren.
mått i mm

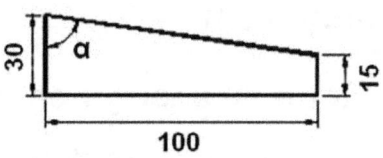

673. En detalj enl. figuren skall tillverkas. Beräkna detaljens längd.
mått i mm

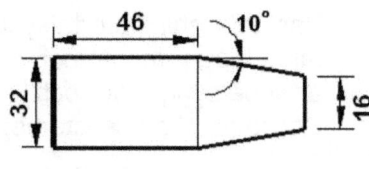

674. Beräkna vinkeln α.
mått i mm.

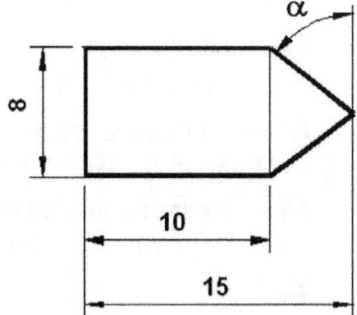

675. Beräkna vinklarna α och β i figuren
mått i mm

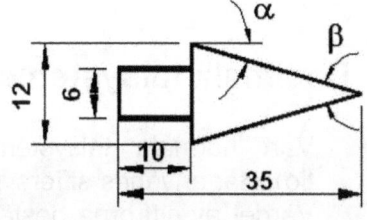

676. Beräkna hypotenusan i figuren.
mått i mm.

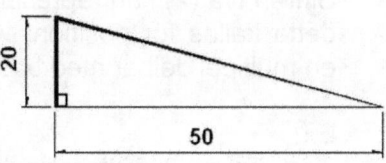

Talsystem

Romerska talsystemet:

Det romerska talsystemet med bokstäverna **M, D, C, L, X, V** och **I**.
Var det vanligaste talsystemet i Europa ända fram till 1300 talet. Idag förekommer de romerska talsystemet på klockor, årtal på byggnader och regentlängder.
Det romerska talsystemet består av symbolerna.

I = 1   **V** = 5   **X** = 10   **L** = 50

C = 100   **D** = 500   **M** = 1000

Om nästföljande lägre siffra står före en större siffra subtraheras talen. Ex. IX = 10 -1 = 9

Om nästföljande lägre siffra står efter en större siffra adderas talen. Ex. XI = 10 + 1 = 11

Om två eller tre lika tal skrivs i följd adderas dessa
Ex. XX = 10 + 10 = 20.

Ex.
    MMIII = 2003
    MCXL = 1140

Decimala talsystemet:

Vårt "normala" talsystem har talet tio (**10**) som bas (deci = tio). Här används siffersymbolerna **0, 1, 2, 3, 4, 5, 6, 7, 8, 9**.
Värdet av siffrorna bestäms av vilken position i talsystemet som de intar.
Siffran två (**2**) kan representera värdet **2, 20, 200, 2000** osv. detta kallas för positionssystemet. Här utgör varje position en multipel delbar med basen tio.

Ex:
    Talet 1 245 blir enligt det decimala positionssystemet.
    $1 * 10^3 + 2 * 10^2 + 4 * 10^1 + 5 * 10^0$, vilket ger talet 1 245

Binära talsystemet:

Det binära talsystemet har talet två (**2**) som bas (bi = två).
Här används siffersymbolerna **0** och **1**.

På samma sätt som i decimalsystemet bestäms siffrans värde av dess position.

Siffran eller symbolen ett (**1**) i det binära systemet kan representera värdet **1**, **2**, **4**, **8**, **16**, **32** osv. i det decimala systemet.

Här utgör varje position en multipel delbar med basen två.

Binärt	1001	1000	111	110	101	100	11	10	1	0
Decimalt	9	8	7	6	5	4	3	2	1	0

Det binära talsystemet används framförallt inom den digitala elektroniken. Datorer och annan digital utrustning.
Där råder endast två tillstånd, "till" eller "från".
Tillståndet "till" blir binärt en etta och tillståndet "från" blir en nolla.

Omvandling av decimala tal till binära:

Dividera det decimala talet med två. Vi får en heltalskvot och en rest.

Denna rest blir siffran längst till höger i det sökta talet, dvs. den minst signifikanta siffran (**LSD**).

Dividera den kvot som erhölls med två.
Vi erhåller nu en ny kvot och rest.

Denna andra rest blir siffran i andra positionen. Den placeras till vänster om den första siffran.

Fortsätt divisionen tills kvoten blir noll. Den siffra som vi får som sista rest blir den mest signifikanta siffran (**MSD**) dvs. siffran längst till vänster.

Ex:
Omvandla det decimala talet **13** till binärt system.

Dividera 13 med 2. Detta uttryckt i heltal ger en kvot 6 och en rest 1. (6 * 2 = 12   13 – 12 = 1)

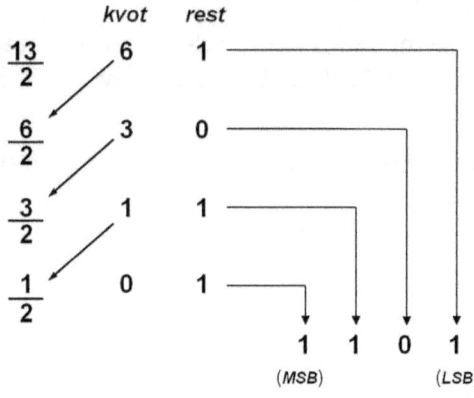

Dividera 6 med 2.
Detta ger en heltalskvot 3 och en rest 0.
Fortsätt divisionen med 2 tills kvoten är 0.

Det decimala talet **13** blir binärt **1101**.

Om bråkdelar av ett decimaltal skall omvandlas till ett binärt tal, multipliceras talet med två istället för att divideras med två.

Ex:
Omvandla det decimala talet **0,75** till binärt system.

Multiplicera 0,75 med 2.
Det ger 0,75 * 2 = 1,5.
Ettan blir entalssiffra och 0,5 blir bråkdelen.
Multiplicera 0,5 med 2
Det ger 0,5 * 2 = 1.
Ettan blir entalssiffra ock bråkdelen blir 0.

bråkdel   entalssiffra
0,75 · 2 = 0,5   + 1
0,50 · 2 = 0   + 1
                  1 1

Talet $0,75_{10} = 0,11_2$

OBS! MSD och LSD har omvänd ordning.

Omvandling av binära tal till decimalt:

Här utgår vi från talens position och dess värde i det decimala systemet enligt nedan.

$2^5 + 2^4 + 2^3 + 2^2 + 2^1 + 2^0 =$
$32 + 16 + 8 + 4 + 2 + 1 =$

Ex:
Det binära talet **101001** blir

Binärt $1*2^5 + 0*2^4 + 1*2^3 + 0*2^2 + 0*2^1 + 1*2^0$

Decimalt $1*32 + 0*16 + 1*8 + 0*4 + 0*2 + 1*1 = 41$

Svar: $101001_2 = 41_{10}$

Oktala talsystemet:

Det oktala talsystemet har talet åtta (**8**) som bas (okta = åtta). Här används siffersymbolerna **0, 1, 2, 3, 4, 5, 6, 7**.

Omvandling från decimaltal till oktala tal görs på samma sätt som decimaltal till binära tal. Man dividerar med åtta istället för två.

Vid omvandling från binära tal till oktala tal delar man in det binära talet i tre bitar.

Ex:
Omvandla det binära talet **101001** till oktalt system.

Binärt   **101 001**
Oktalt   **5   1**

Svar: $101001_2 = 51_8$

Omvandling från oktalt till binärt sker i omvänd ordning enligt exemplet ovan.

Hexadecimala talsystemet:

Det hexadecimala talsystemet har talet sexton (**16**) som bas (hexadeci = sexton). Här används symbolerna **0, 1, 2, 3, 4, 5, 6, 7, 8, 9, A, B, C, D, E, F**.

Omvandling från decimala tal till hexadecimala tal görs på samma sätt som för decimaltal till binära tal. man dividerar med sexton istället för två.

Vid omvandling från binära tal till hexadecimala tal, delar man in det binära talet i fyra bitar.

Ex1:
Omvandla det binära talet **101001** till hexadecimalt system

      Binärt   **0010 1001**
      Hexadecimalt   **2**   **9**

Svar: **$101001_2 = 29_{16}$**

OBS! Att man fyller ut med nollor till vänster i talet påverkar inte talets storlek eller värde.

Ex2:
Omvandla det binära talet 101101 till hexadecimalt system.

      Binärt   **0010 1101**
      Hexadecimalt   **2**   **D**

Svar: **$101001_2 = 2D_{16}$**

Omvandling från hexadecimalt till binärt sker i omvänd ordning enligt exemplen ovan.

Övningar

677. Vad blir årtalet 2013 med romerska siffror.

678. Skriv 439 med romerska siffror.

679. Vad blir MV decimalt?

680. Vad blir XLIX decimalt?

681. Omvandla talet 18 från decimalt till det binärt.

682. Vad blir det decimala talet 28 binärt?

683. Vad blir 110011 decimalt?

684. Vad blir 10101 decimalt?

685. Omvandla talet 18 från decimalt till det oktalt

686. Vad blir det decimala talet 28 oktalt?

687. Vad blir det oktala talet 23 decimalt?

688. Omvandla talet 18 från decimalt till det hexadecimalt

689. Vad blir det decimala talet 28 hexadecimalt?

690. Vad blir det hexadecimala talet 3F decimalt?

691. Vad blir 110011 oktalt?

692. Vad blir 110011 hexadecimalt?

693. Vad blir det hexadecimala talet 3F oktalt?

694. Vad blir det hexadecimala talet 3F binärt?

695. Vad blir det oktala talet 23 hexadecimalt?

696. Vad blir det romerska talet XLV hexadecimalt?

Facit

Enheter
1. 50 dm
2. 4 dm
3. 0,04 dm
4. 40 000 dm
5. 0,00001 dm
6. 0,3 m
7. 0,6 m
8. 15 000 m
9. 0,01 m
10. 500 mm
11. 0,001 mm
12. 150 mm
13. 0,02 m^2
14. 0,000 5 m^2
15. 0,000 008 m^2
16. 300 mm^2
17. 160 000 mm^2
18. 4 000 000 mm^2
19. 560 mm^2
20. 0,012 m^3
21. 0,000 004 dm^3
22. 0,0035 m^3
23. 0,000 1 m^3
24. 0,000 000 005 dm^3
25. 0,1 m^3
26. 10 000 dm^3
27. 0,1 dm^3
28. 0,000 0015 dm^3
29. 1 dm^3
30. 0,16 dm^3
31. 35 000 cm^3
32. 1 200 000 cm^3
33. 4 000 cm^3
34. 15 cm^3
35. 0,009 cm^3
36. 80 cm^3

De fyra ränes.
37. 7
38. 20
39. 150
40. 100
41. 30
42. 14
43. 10
44. 30
45. 10
46. 18
47. 30
48. 20
49. 14
50. 30
51. 15

Bråk
52. 3/4
53. 2/4 el.1/2
54. 5/6
55. 4/15
56. 3/10
57. 1/5
58. 2/9
59. 1/12
60. 3/4
61. 7/6
62. 47/60

Parenteser
63. 10
64. 18
65. – 4
66. – 10
67. 1
68. – 1
69. 75
70. 10
71. 10
72. 5
73. 20
74. 10
75. 10
76. 1
77. 11
78. 60
79. 56
80. 32
81. 20
82. 120
83. 11
84. 80
85. 25
86. 50
87. 160
88. 110

Procent
89. 8 kr
90. 50 dm
91. 225 kg
92. 3,2 m
93. 16 g

94. 0,7 kg

95. 11,36 kr

96. 0,54 m³

97. 2,82 kr

98. 0,388 kg

99. 0,45 kr

100. 5,76 hl

101. 2,312 mm

102. 12,25 kr

103. 25,893 kr

104. 6 %

105. 40 %

106. 23,5 %

107. 25 %

108. 30 %

109. 40 %

110. 15 %

111. 8,5 %

112. 25 %

113. 4,2 %

114. 24 %

115. 6,25 %

116. 12 %

117. 40 %

118. 40 %

119. 2,88 km

120. 20 %

121. 60 %

122. 10,7 %

123. 25 %

124. 4 timmar

125. 1 940 kg

126. 54 000 kr

127. 46,8 l

128. 89,60 kr

129. ≈ 22 %

130. a) ≈ 43 %
 b) ≈ 28 %

131. 8 750 kr

132. 25 %

133. a) 24 %
 b) 12 %

134. 1 359 kr

135. ≈ 15 %

136. 60 kg

137. a) 4000kr
 b) 2600kr

138. 960 st

139. 139,34 kg

140. 1 875 kr

141. a) 440 kr
 b) 176 kr
 c) 110 kr

142. 4 000 kr

143. a) 1 224 Ω
 b) 1 176 Ω

144. 1,2x3,84m

145. 80 750 kr

Potenser

146. 4

147. 16

148. 25

149. 36

150. 8

151. 16

152. 32

153. 27

154. 81

155. 64

156. 256

157. 1 024

158. 125

159. 625

160. 3 125

161. 216

162. 49

163. 64

164. 81

165. 0,0016

166. 0,04

167. 625

168. 676

169. 0,25

170. 0,125

171. 15 625

172. 225

173. 50 625

174. 9 765 625

175. 48 828 125

176. 256

177. 1 953 125

178. 62 500

179. 22 500

180. 390 625

181. 759 375

182. 1 444

183. 1 024

184. 243

185. 59 049

186. 1 185 921

Tiopotenser	211. $5,01 \cdot 10^4$	236. 10^7	260. 1,398
187. 100	212. $1,11 \cdot 10^4$	237. 10^3	261. -0,301
188. 1 000	213. $3 \cdot 10^3$	238. 10^{10}	262. 3,009
189. 10 000	214. 10^{12}	239. 10^8	263. -2
190. 10	215. $3 \cdot 10^{12}$	240. 10	264. 2
191. 1	216. $2,4 \cdot 10^3$	241. 10^{-8}	265. 6
192. 1 000 000	217. 10^3	242. 10^{-2}	266. 0,25
193. 10 000 000	218. $2 \cdot 10^4$	243. 10^{-6}	267. 175
194. 100 000 000	219. $5 \cdot 10^3$	244. 10^4	268. 0,003
195. 0,01	220. $2 \cdot 10^4$	245. $6 \cdot 10^4$	269. 4,605
196. 0,000 001	221. $2,5 \cdot 10^3$	246. $2 \cdot 10^2$	270. 3,219
197. 0,1	222. $9,9 \cdot 10^4$	247. 20	271. -0,693
198. 0,000 1	223. $1,01 \cdot 10^5$	248. $5 \cdot 10^3$	272. 6,928
199. 0,001	224. 10^2	249. 4	273. -4,605
200. 0,000 000 1	225. $9,9 \cdot 10^{11}$	250. 1	274. 1,351
201. 0,000 01	226. $4,6 \cdot 10^{12}$	251. $2 \cdot 10^6$	275. 2,177
202. 1	227. $1,9 \cdot 10^3$	252. 1	276. 0,548
203. $2 \cdot 10^2$	228. $2 \cdot 10^2$	253. $8 \cdot 10^{16}$	277. 9,422
204. $1,1 \cdot 10^3$	229. $9 \cdot 10^2$	254. $3,6 \cdot 10^{-7}$	278. 0,08
205. $2 \cdot 10^3$	230. 10^4	255. $5 \cdot 10^3$	**Kvadratrötter**
206. $1,1 \cdot 10^3$	231. 10^6	256. $3 \cdot 10^8$	279. 2
207. $2 \cdot 10^{-2}$	232. 10^5	257. $2 \cdot 10^{-3}$	280. 3
208. $7 \cdot 10^2$	233. 10^2	258. 2	281. 5
209. $4,5 \cdot 10^2$	234. 10^{13}	**Logaritmer**	282. 10
210. $7 \cdot 10^3$	235. 10^8	259. 2	283. 7

284. 1,414	309. 1,34	333. 1	358. 4
285. 1,732	310. 1,58	334. 2	359. 0,5
286. 31,6	311. 100	335. 3	360. 6
287. 0,1	312. 21,2	336. 0	361. 10
288. 4,47	313. 80	337. 1	362. 0,8
289. 3,87	**Ekvationer**	338. 1	363. 0
290. 2,24	314. 8	339. 1,3	364. 3
291. 6	315. 1	340. 1	365. 0,5
292. 1,3	316. 2,4	341. 1,1	366. 1,25
293. 32,25	317. 2	342. 2	367. 4
294. 0,32	318. 1	343. 2	368. 1,15
295. 3,16	319. 13	344. 3	369. 0,5
296. 5,66	320. 19	345. 1,25	370. 3
297. 4	321. 12	346. 2	371. 6
298. 1,12	322. 30	347. 1,5	372. 0,5
299. 1,58	323. 2	348. 2	373. 9,5
300. 4,24	324. 14	349. 0,5	374. 6
301. 11,2	325. 2	350. 2	375. 3
302. 3,94	326. 3,06	351. 2	376. 3,6
303. 4,81	327. 20	352. 1	377. 2
304. 15	328. 2,5	353. 0,5	378. 6
305. 18,7	329. 9	354. 1	379. 1,5
306. 35,4	330. 1,4	355. 0,8	380. 1
307. 0,2	331. 2	356. 0,5	381. 0,6
308. 0,063	332. 1	357. 1	382. 1

383. 8	408. 0,29	432. 578	457. 60
384. 0	409. 5	433. 800	458. 4,5
385. 17	410. 2	434. 6 908	459. 30
386. 4,75	411. 3 år	435. 1,6	460. 45
387. 1	412. a) 12 st b) 230 st	436. 24	461. 0,8
388. 0,6		437. 0,75	462. 1,1
389. 4,5	413. 9,80 och 2,30 kr/l	438. 25,125	463. 1
390. 0,5	414. 5 st	439. 28	464. 1
391. 8	415. 0,5	440. 14	465. 99
392. 0,1	416. 2	441. 1	466. 18
393. 0,5	417. 2	442. 3,1	467. 100
394. 3	418. 2	443. 7	468. 5,25
395. 0,1	419. 5	444. 1,6	469. 3
396. 2,25	420. 0,7	445. 2,02	470. 0,3
397. 1	421. 0,25	446. 9	471. 3
398. 4	422. 1	447. 2	472. 1
399. 75	423. 16	448. 2,5	473. 4
400. 1	424. 11	449. 200	474. 1 365
401. 5	425. 2	450. 110	475. 22
402. 0,25	426. 0,75	451. 34	476. 1,5
403. 2	427. 0,75	452. 2	477. 1
404. 0,32	428. 0,1	453. 15,4	478. 0,75
405. 9	429. 6	454. 12 m	479. 0,75
406. 2,5	430. 0,35	455. 25 %	480. 7
407. 3	431. 1,78	456. 6	481. 7

482. 0,6	507. 4	532. 4	553. 60°
483. 2	508. 16	533. 666	554. 80°
484. 20	509. 2	534. 0,5	555. 120°
485. 1 980	510. 2	535. −0,5	556. 30°
486. 45	511. 1	536. 10	557. 180°
487. 24	512. 3	537. 5	558. 60°
488. 0,5	513. 0,3	538. 56,40 kr	559. 20 cm
489. 3	514. 1	58,40 kr 175,20 kr	560. 21 cm^2
490. 0,5	515. 2	**Formler**	561. 48 cm^2
491. 800	516. 1,5	539. $C = A - B$	562. 32 m
492. 0,9	517. 0,3	540. $X = \dfrac{Y-Z}{2}$	563. 114 m
493. 3	518. 3	541. $I = U/R$	564. 125 cm^2
494. 78	519. 68	542. $R = U/I$	565. 10 m^2
495. 0,15	520. 54	543. $Z = X - 2B$	566. 8,3 l
496. 2 500	521. 34	544. $C = X-2B-A$	567. 7,5 cm^2
497. 15	522. 9st	545. $B = \dfrac{X-C-A}{2}$	568. 6 cm
498. 0,03	523. 3	546. $F = \dfrac{2A+2B-Y}{2}$	569. 12 cm
499. 0,02	524. 19	547. $O = 2\sqrt{A\pi}$	570. 45 cm
500. 1	525. 0	548. $v = S/t$	571. 30 cm^2
501. 5	526. 4	549. $n = \dfrac{X+360}{180}$	572. 20 cm
502. 10	527. 0,75	**Geometri**	573. 25,13 cm
503. 10,5	528. 2	550. 25°	574. 6,05 cm
504. −5	529. 54,8 mil	551. 90° och 60	575. 18 cm
505. −8,3	530. 2	552. 37,5°	576. 19,2 cm^2
506. 1,78	531. 3		577. 28,3 cm^2

578. 6 cm

579. 18,8 cm

580. 42,1 cm^2

581. 251,3 cm

582. 5 026 cm^2 el.0,5 m^2

583. 133,7 cm

584. 178,3 cm

585. 1,4 m^2

586. 2,5 m^2

587. 8 mm

588. 28,3 mm^2

589. 44 mm

590. d=8 cm O=25cm

Pytagoras sats

591. 22,25 dm

592. 32 fot

593. 50 cm

594. 10 dm

595. 36,66

596. 10,4 mm

597. 41 mm

598. 801 mm^2

599. 19

600. 20 cm 420 cm^2

601. 120 m^2

602. Nej (24,7 mm)

603. 40 mm 1 980 mm^2

604. 41 och 15 mm

605. 28,3 mm

606. a) 24 mm b) 240 mm^2

607. 67,9 cm

608. 84,9 cm^2

609. 117 mm

610. 17,5 m

611. 14,4

612. 82,5 mm

613. a) 13,86 mm b) 166,3mm^2

614. 149,2 mm

615. 26

616. 16,7 mm

617. 50,3 mm

618. 17,3 mm

Trigonometri

619. 0,707

620. 0,5

621. 0,966

622. 0,866

623. 1

624. 0,966

625. 0,268

626. 0,577

627. 3,732

628. 0,835

629. 0,335

630. 0,998

631. 0,216

632. 27,6°

633. 63,9°

634. 19,4°

635. 25,3°

636. 88,7°

637. 45°

638. 83,9°

639. 66,4°

640. 25,4°

641. 66,6°

642. 19,5°

643. 33,6°

644. 15,9°

645. 31°

646. 42°

647. 82,3°

648. 3,3°

649. basen är 91 cm β = 55°

650. α = 21,8° β = 68,2° diagonalen = 26,93

651. sidorna 26,3 och 20,9 cm en vinkel är 90° och den tredje är 52,5°

652. den andra sidan är 25 cm. vinklarna är 26,5° och 63,5°

653. 1 031,7 cm^2

654. B = 64,3

655. 28,3 mm

656. 69,4°

657. 25,5°

658. a) 75 mm
     b) 86,6 mm

659. 45,4 m

660. L = 3,6 m
     H = 1,52 m

661. 46,2 mm

662. 13,9 m

663. 32 m
     35,3 m
     25,1°
     64,9°

664. 4,5 m

665. A = 20,5 mm
     B = 59,1 mm
     C = 10,4 mm
     D = 56,4 mm

666. 264,0 mm

667. 14,5°

668. 23,1 mm

669. a = 24,7 mm
     d = 49,5 mm

670. 86,6 mm

671. 7,1 mm

672. 81,5°

673. 91,4 mm

674. 51,3°

675. α = 13,5°
     β = 27°

676. 53,9 mm

Talsystem

677. MMXIII

678. CDXXXIX

679. 1005

680. 49

681. 10010

682. 11100

683. 51

684. 21

685. 22

686. 34

687. 19

688. 12

689. 1C

690. 63

691. 63

692. 33

693. 77

694. 111111

695. 13

696. 2D

www.ingramcontent.com/pod-product-compliance
Lightning Source LLC
Chambersburg PA
CBHW070314230526
45470CB00002B/872